高职高专"十四五"规划教材

工程力学

（第 2 版）

主　编　任丽娟　张玉萍　姜　宇
主　审　王周让　刘宝成

北京航空航天大学出版社

内 容 简 介

本教材突出课程的模块化和实用性,以工程力学的应用为目标,内容包括静力学基础和材料力学两部分:静力学基础部分介绍了物体受力分析及静力学基本计算、利用平衡方程求未知力;材料力学部分介绍了轴向拉伸与压缩、剪切与挤压、圆轴扭转、平面弯曲的强度和刚度计算以及组合变形的强度计算。各章均配有知识目标、技能目标、小结和习题。

本书既可作为高职高专院校及成人院校的机械机电类、近机械类各专业的教学用书,还可作为相关工程技术人员、维修维护人员的参考用书。

图书在版编目(CIP)数据

工程力学 / 任丽娟,张玉萍,姜宇主编. -- 北京:
北京航空航天大学出版社,2022.7
 ISBN 978 - 7 - 5124 - 3816 - 3

Ⅰ. ①工… Ⅱ. ①任… ②张… ③姜… Ⅲ. ①工程力
学 Ⅳ. ①TB12

中国版本图书馆 CIP 数据核字(2022)第 093176 号

工程力学(第 2 版)

主 编 任丽娟 张玉萍 姜 宇
主 审 王周让 刘宝成
策划编辑 冯 颖 责任编辑 冯 颖

*

北京航空航天大学出版社出版发行

北京市海淀区学院路 37 号(邮编 100191) http://www.buaapress.com.cn
发行部电话:(010)82317024 传真:(010)82328026
读者信箱:goodtextbook@126.com 邮购电话:(010)82316936
涿州市新华印刷有限公司印装 各地书店经销

*

开本:787×1 092 1/16 印张:11.75 字数:301 千字
2022 年 7 月第 2 版 2023 年 9 月第 2 次印刷 印数:2 001~4 000 册
ISBN 978 - 7 - 5124 - 3816 - 3 定价:39.00 元

前　言

　　"工程力学"作为与工程技术联系极为密切的专业技术基础课程之一,与"机械设计基础""机械制造技术"等后续课程有着密切的联系。为了更好地适应现代工程类专业的教学改革的需要以及21世纪高等教育改革对学生素质和创新能力培养的教学需要,在吸取国内外同类教材经验的基础上,本次修订在内容选取和阐述方法上做了一些必要的调整,主要有如下几点:

> 优化了静力学的内容体系。按照静力学基本概念、物体受力分析、力系平衡理论展开内容,在叙述方法上从一般到特殊,先平面问题后空间问题。

> 改革了材料力学的内容体系。形成了以杆件的内力分析、应力与强度计算、变形与刚度计算等为主线的新体系。

> 提高起点,精选课程内容。突出主干内容,降低对次要内容的要求,删除某些枝节内容,避免冗长的理论叙述;增加与工程实际相结合的例题和习题。全书的编写注重加强对基本概念和基本方法的论述,以及对学生处理工程实际问题、建立力学模型、研究创新能力的培养。

　　本书突出课程的模块化和实用性,以工程力学的应用为目标,包括六大部分内容:物体受力分析及静力学基本计算,利用平衡方程求未知力,轴向拉伸与压缩的强度和刚度计算,圆轴扭转的强度和刚度计算,平面弯曲的强度与刚度计算,组合变形的强度计算。

　　本书绪论、第1章、第6章、附录由张玉萍编写;第2章由任丽娟和王晓辉共同编写;第3章由姜宇和赵华共同编写,第4章由姜宇和李瑞峰(陕西机电职业技术学院)共同编写;第5章由任丽娟编写。全书统稿工作由任丽娟完成。王周让、刘宝成对全书内容进行了审定。

　　在教材编写过程中,我们力求在行业特色、技术实用和能力培养方面有所创新,但限于编者水平和视角,教材中的不足和疏漏在所难免,恳请广大读者批评指正。

主要符号表

E	弹性模量 GPa
EA	杆的抗拉（压）刚度
EI	梁的抗弯刚度
μ	动摩擦因数
μ_s	静摩擦因素
F_{Ax}, F_{Ay}	A 处支座约束力
F_N	轴力
F_Q	剪力
F_x, F_y, F_z	力在 x、y、z 方向的分量
G	切变模量，重量
GI	圆轴抗扭刚度
M, M_x, M_y, M_z	外力偶矩，扭矩，弯矩
P	功率
q	分布载荷集度
W	弯曲截面系数
W_P	扭转截面系数
θ	梁横截面的转角，单位长度相对扭转角
φ	相对扭转角
φ_m	摩擦角
ε	线应变
σ	正应力
σ^+	拉应力
σ^-	压应力
σ_b	强度极限
σ_{bs}	挤压应力
$[\sigma]$	许用应力
σ_e	弹性极限
σ_p	比例极限
$\sigma_{0.2}$	条件屈服应力
σ_s	屈服极限
τ	切应力
$[\tau]$	许用切应力

目　录

绪　论

1. 工程力学的研究对象

工程力学(Engineering Mechanics)研究自然界以及各种工程中的机械运动最普遍、最基本的规律,以指导人们认识自然界,科学地从事工程技术工作。它涵盖了原"理论力学"(静力学部分)和"材料力学"两门课程的主要经典内容。工程力学不仅与力学密切相关,而且与广泛的工程实际紧密联系。工程力学运用力学知识和方法解决工程实际问题,是一门研究物体机械运动一般规律及有关构件强度、刚度和稳定性等理论的科学。

理论力学是研究物体机械运动一般规律的科学。所谓机械运动就是物体的空间位置随时间的变化,是日常生活和生产实践中最常见的一种运动形式,如各种机器的运转及车辆的行驶等。理论力学的内容包括以下三部分:静力学、运动学及动力学。其中静力学研究系统在力(或力系)的作用下力的平衡规律,包括物体的受力分析、力系的平衡条件、工程实际问题的力学建模;运动学从几何学角度来研究物体的运动(如轨迹、速度和加速度等);动力学研究受力物体的运动与作用力之间的关系。理论力学的任务是研究刚体,研究刚体所受的力与运动的关系。

工程上的各种机械、设备、结构都是由构件组成的。工作时它们都要受到载荷的作用,为使其正常工作(不发生破坏,也不产生过大的变形),同时又能保持原有的平衡状态而不丧失稳定,就要求构件具有足够的强度、刚度和稳定性。材料力学就是研究构件的强度、刚度和稳定性等一般计算原理的科学,包括对构件的强度、刚度、稳定性的分析。材料力学的任务是研究可变固体即变形体,研究变形体所受的力与变形的关系。

2. 工程力学的主要任务

根据结构或构件的特点,对结构或构件进行简化、分析受力,研究它们的平衡规律,据此来计算在外载荷和其他因素影响下结构或构件的内力,以及结构的位移,进而对结构或构件进行强度、刚度和稳定性方面的计算和校核,以便能够研究构件的承载能力。

工程力学是一门技术基础课,它为工程结构设计提供基本的力学知识和计算方法,为进一步学习后续的专业课程打下坚实的基础。

3. 工程力学的学习方法

本课程具有实践性强的特点,其内容与生产、工程息息相关。为达到教学目的的要求,学习时应做到以下几个方面:

➤ 学习中应注重分析、理解和运用,并注意前后知识的衔接与综合应用;

➤ 重视理论联系实际,重视实验环节;

➤ 学生要掌握好力学基础知识就必须认真完成课后作业,并适当地多练习、多做题;

➤ 本课程涉及的知识面广,内容丰富,在教学中应多采用直观教学、信息化教学和启发式教学,并培养学生的自学能力,以增加课堂信息量和课时利用率,并应在后续课程和生产实习、课程设计及毕业设计等环节中进行反复练习,巩固提高。

第1章　物体受力分析及静力学基本计算

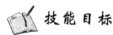 **知识目标**

➤ 能理解力、力系、刚体、变形体及平衡等的概念。
➤ 理解静力学公理的内容及使用条件。
➤ 掌握约束的类型与约束反力的概念及画法。
➤ 掌握工程结构受力分析方法。
➤ 掌握力的投影方法。
➤ 掌握力对点之矩和力对轴之矩的概念、性质及计算。
➤ 掌握力偶的概念、性质及计算。

技能目标

➤ 会对单个物体进行受力分析并画受力图。
➤ 会对物体系统进行受力分析并画受力图。
➤ 会计算力对点之矩。

1.1　静力学基本概念和基本公理

1.1.1　力与力系的概念

力是物体间相互的机械作用。力会使物体产生两种变化:运动效应(外效应)使物体的运动状态发生变化;变形效应(内效应)使物体发生变形。力不可能脱离物体而单独存在。如果有受力体存在,则必定也有施力体存在。

力的三要素:① 力的大小;② 力的方向;③ 力的作用点。

力的大小表示物体间相互机械作用的强弱,力大说明机械作用强,力小说明机械作用弱。国际单位制中,力的单位有牛顿(N)、千牛顿(kN)。

力的方向包含方位和指向,例如说"竖直向下","竖直"是力的方位,"向下"是力的指向。

力的作用点是物体相互作用位置的抽象化。实际上,两个物体接触处总占有一定的面积,力总是分布的作用在一定的面积上的,如果这个面积很小,则可将其抽象为一个点,即为力的作用点,这时的作用力称为集中力;反之,若两物体接触面积比较大,力分布的作用在接触面上,这时的作用力称为分布力。若力的分布是均匀的,则称为均匀分布力,简称均布力。

力的图示法:力有大小和方向,说明力是矢量。力的图示法见图1.1,可以用一条有向线段表示,线段的长度 AB 按一定的比例表示力的大小;线段的方位和箭头的指向表示力的方向;线段的起点(或终点)表示力的作用点。本书中,用黑体字母表示矢量,如力 F;而用普通字母表示该矢量的大小,如 F。

力系是指同时作用于被研究物体上的一组力。如果两个力系对物体的作用效应相同,则称这两个力系为等效力系。一个力系用其等效力系来代替,称为力系的等效替换。用一个最简单的力系等效替换一个复杂力系,称为力系的简化。若某力系与一个力等效,则此力称为该力系的合力,而该力系的各力称为此力的分力。

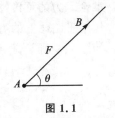

图 1.1

1.1.2　刚体与变形体

变形是指物体形状或尺寸的变化,在外力的作用下物体产生了变形,如果外力去掉后能够完全恢复的变形就叫弹性变形,不能恢复的变形就叫塑性变形。

所谓刚体,是指在力的作用下不变形的物体,即在力的作用下其内部任意两点的距离永远保持不变的物体。这是一种理想化的力学模型。所谓变形体,是指在外力作用下形状和大小会发生改变的物体。

事实上,在受力状态下不变形的物体是不存在的,不过当物体的变形很小,在所研究的问题中可以忽略不计,不会对问题的性质带来本质的影响时,该物体就可以近似看作刚体。刚体是在一定条件下研究物体受力和运动规律时的科学抽象。这种抽象不仅使问题大大简化,也能得出足够精确的结果,因此,静力学又称为刚体静力学。但是,在需要研究力对物体的内部效应时,这种理想化的刚体模型就不再适用,而应采用变形体模型,并且变形体的平衡也是以刚体静力学为基础的,只是还需补充变形几何条件与物理条件。

1.1.3　力的平衡

在工程中,把物体相对于地面静止或做匀速直线运动的状态称为平衡。

根据牛顿第一定律,物体若不受到力的作用则必然保持平衡。但客观世界中任何物体都不可避免地受到力的作用,物体上作用的力系只要满足一定的条件即可使物体保持平衡,这种条件称为力系的平衡条件。满足平衡条件的力系称为平衡力系。

1.1.4　静力学公理

为了讨论物体的受力情况,研究力系的简化和平衡条件,必须先掌握一些最基本的力学规律。这些规律是人们在生活和生产活动中长期积累的经验总结,又经过实践反复检验,被认为是符合客观实际的最普遍、最一般的规律,称为静力学公理。

1. 二力平衡公理

作用在同一刚体上的两个力,使刚体保持平衡的必要与充分条件是:这两个力大小相等,方向相反,作用在同一直线上。二力平衡示意图见图 1.2,作用在物体上的两个大小相等、方向相反、作用线在同一条直线上的两个力 F_1 与 F_2 分别作用在物体的 A、B 两点上,物体保持平衡。

工程上把只受两个力作用并且处于平衡状态的构件称为二力构件;如果构件是杆件就称为二力杆,如图 1.2(b)所示。

2. 加减平衡力系公理

在作用于刚体上的任意力系中,加上或减去任何一个平衡力系,并不改变原力系对刚体的作用效应。

推论 力的可传性公理

作用于刚体上的力可沿其作用线移动到该刚体上任一点,而不改变此力对刚体的作用效应。如图 1.3 所示,作用在小车 A 点上的力 F 可沿小车移动到 B 点上,其作用效果不变。

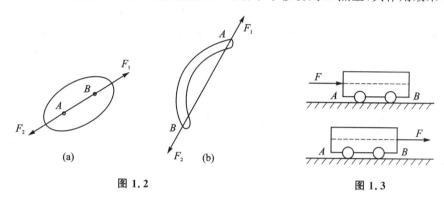

图 1.2   图 1.3

3. 力的平行四边形公理

作用于物体同一点上的两个力,可以合成为一个合力,合力也作用于该点,合力的大小和方向由以这两个力为邻边所构成的平行四边形的对角线来表示,如图 1.4(a)所示。

力的平行四边形法则也可以用力的三角形法则表示,如图 1.4(b)所示。力的三角形法则用矢量等式表示为

$$\boldsymbol{R} = \boldsymbol{F}_1 + \boldsymbol{F}_2 \tag{1.1}$$

推论 三力平衡汇交公理

某刚体受共面不平行的三个力作用而平衡时,这三个力的作用线必汇交于一点。这个定理说明了不平行的三个力平衡的必要条件,当两个力的作用线相交时,可确定第三个力作用线的方位,如图 1.4(c)所示。

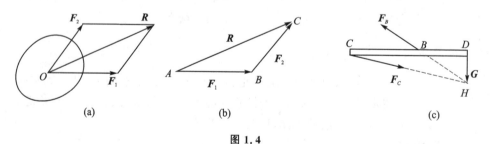

(a)   (b)   (c)

图 1.4

4. 作用与反作用公理

两个物体间的作用力和反作用力大小相等,方向相反,沿同一直线,分别作用在这两个物体上。

5. 刚化公理

变形体在某一力系作用下处于平衡,如果将此变形体刚化为刚体,则其平衡状态保持不变。这一公理提供了把变形体抽象为刚体模型的条件。例如:柔性绳索在等值、反向、共线的两个拉力作用下处于平衡,可将绳索刚化为刚体,其平衡状态不会改变。而绳索在两个等值、反向、共线的压力作用下则不能平衡,这时绳索不能刚化为刚体。但刚体在上述两种力系的作用下都是平衡的。

由此可见,刚体的平衡条件是变形体平衡的必要条件,而非充分条件。刚化原理建立了刚体与变形体平衡条件的联系,提供了用刚体模型来研究变形体平衡的依据。在刚体静力学的基础上考虑变形体的特性,可进一步研究变形体的平衡问题。这一公理也是研究物体系平衡问题的基础,刚化原理在力学研究中具有非常重要的地位。

1.2 力学计算简图

1.2.1 计算简图原则

工程实际中的结构物或机械一般都比较复杂。在进行力学分析时,首先要把它理想化,这就需要根据构件的实际工作情况,抓住最主要的影响因素,忽略一些次要的影响因素,将具体构件抽象为"力学模型",以便进行力学分析和计算。把表示力学模型的图形称为计算简图。

绘制结构计算简图应遵循下列两条原则:

① 正确反映结构的实际情况,使计算结果准确可靠。

② 略去次要因素,突出结构的主要性能,以便于分析和计算。

1.2.2 杆件及结点的简化

对构件作简化时,可以暂不考虑构件横截面的具体形状,并忽略构造上的枝节,如键槽、销孔、阶梯等,将其简化为一直杆,并用构件的轴线来代表它。轴线是所有横截面形心的连线,轴线与横截面垂直。因此,在计算简图中,就用轴线来表示杆件。

杆件与杆件连结的地方叫作结点。一般有铰结点和刚结点,个别部位的连结还存在着组合结点。

1. 铰结点

铰结点的特征是其所铰接的各杆均可绕结点转动,杆件间的夹角可以改变大小,如图 1.5(a)、(b)所示。在计算简图中,铰结点用杆件交点处的小圆圈来表示,如图 1.5(c)所示。

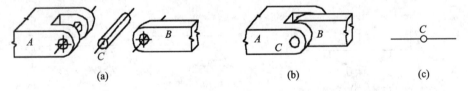

(a)   (b)   (c)

图 1.5

2. 刚结点

刚结点的特征是其所连接的各杆之间不能绕结点有相对的转动,变形时,结点处各杆件间的夹角都保持不变,如图 1.6(a)所示。在计算简图中,刚结点用杆件轴线的交点来表示,如图 1.6(b)所示。

1.2.3 支座的简化

支座是指构件与基础(或别的支撑构件)之间的连接构造。支座的形式很多,在平面杆件结构的计算简图中,支座的简化形式主要有固定铰支座、可动铰支座、固定端支座以及定向(滑

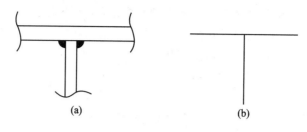

图 1.6

动)支座。

1. 固定铰支座

固定铰支座只允许构件在支承处转动,不允许有任何方向的移动。固定铰支座构造简图见图 1.7(a),计算简图见图 1.7(b)。

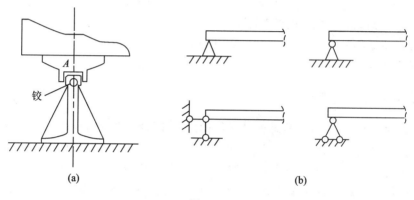

图 1.7

2. 可动铰支座

可动铰支座允许构件在支承处转动,允许构件沿某方向移动,如图 1.8(a)所示。可动铰支座计算简图如图 1.8(b)所示。

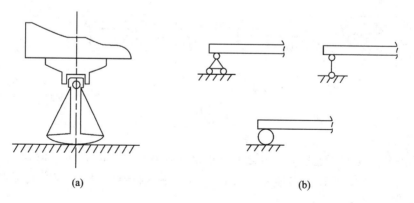

图 1.8

3. 固定端支座

固定端支座使构件在支承处不能做任何移动,也不能转动,如图 1.9(a)所示。在固定端支座计算简图中,固定端支座用一个与杆轴线相交的支承面来表示,如图 1.9(b)所示。

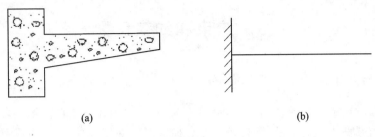

(a)　　　　　　　　(b)

图 1.9

1.2.4　载荷的简化

实际结构所承受的载荷一般是作用于构件内的体载荷(如自重)和表面上的面载荷(如人群、设备重量、风载荷等)。但在计算简图上,均简化为作用于杆件轴线上的分布线载荷、集中载荷、集中力偶,并且认为这些载荷的大小、方向和作用位置是不随时间变化的,或者虽有变化但极缓慢(如吊车载荷、风载荷等),这类载荷称为静载荷。如果载荷变化剧烈,能引起结构明显的运动或振动(如打桩机的冲击载荷等),称为动载荷。

如图 1.10(a)所示,小桥的一根梁两端搁在桥墩或桥台上,上面有一重物。简化时,梁本身可以用其轴线来代替。考虑到台面对梁端有摩擦力,而梁受热膨胀时仍可伸长,故将其一端视为可动铰支座,另一端视为固定铰支座,其计算简图如图 1.10(b)所示。

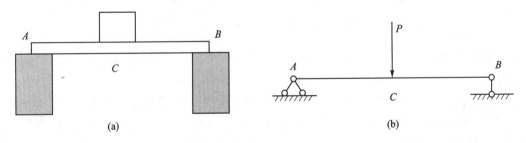

图 1.10

图 1.11 所示为油罐容器的力学受力简图。载荷 q 表示一种连续分布于物体上的载荷,称为分布载荷,q 的值称为载荷集度,表示作用在单位长度上的力。若 q 为常数,则称为均布载荷。列平衡方程时,常将分布载荷简化为一个集中力 F,其大小等于分布载荷图形的面积,F 的方向与 q 相同,F 的作用线通过分布载荷图形的形心。图 1.11(b)中均布载荷可简化为 $F=ql$(l 为载荷作用长度),作用线通过作用长度的中点。

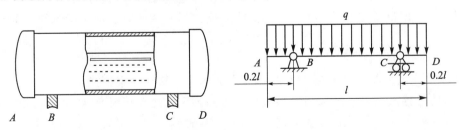

图 1.11

1.3 约束和约束反力

1.3.1 约束与约束反力

物体按照运动所受限制条件的不同,可以分为两类:自由体与非自由体。自由体是指物体在空间上可以有任意方向的运动,即运动不受任何限制。例如:空中飞行的炮弹、飞机、人造卫星等。非自由体是指在某些方向的运动受到一定限制而不能随意运动的物体。例如:在轴承内转动的转轴;气缸中运动的活塞;推拉窗只能沿窗框移动;列车受钢轨限制,只能沿轨道运动;用钢索悬吊的重物受到钢索限制不能下落等。对非自由体的运动起限制作用的周围物体称为约束,例如:钢轨对于机车,轴承对于电机转轴,吊车钢索对于重物等都是约束。

空间自由体有六个自由度:沿三个坐标轴的移动和绕三个坐标轴的转动,如图 1.12 所示。

平面自由体有三个自由度:沿两个坐标轴的移动和绕原点的转动,如图 1.13 所示。

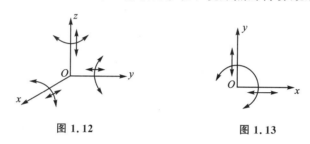

图 1.12   图 1.13

约束限制物体某一方向的移动,在相反方向有一约束力;约束限制物体某一方向转动,在相反方向有一约束力偶。

约束限制着非自由体的运动,与非自由体接触相互产生了作用力,约束作用于非自由体上的力称为约束反力。约束反力作用于接触点,其方向总是与该约束所能限制的运动方向相反,约束反力的大小却是未知的,可根据平衡方程求出。使物体产生运动或运动趋势的力称为主动力。

1.3.2 常见约束类型及其约束反力

1. 柔体约束

由绳索、链条、皮带等所构成的约束统称为柔索约束。这种约束的特点是柔软易变形,它给物体的约束反力只能是拉力。柔体约束的约束反力通过接触点,其方向沿着约束的中心线且为拉力,即方向沿柔索且背离物体,这种约束反力通常用 F_T 表示。柔体约束如图 1.14 所示。

2. 光滑接触面约束

物体受到光滑平面或曲面的约束,称作光滑面约束。这类约束不能限制物体沿约束表面切线的位移,只能限制物体沿接触表面法线并指向约束的运动。因此,约束反力作用在接触点,方向沿接触表面的公法线,并指向被约束物体,这种约束反力通常用 F_N 表示。光滑面约束如图 1.15 所示。

【例 1.1】 如图 1.16 所示,重为 G 的杆放在半圆槽中,画出杆 AB 所受到的约束反力。

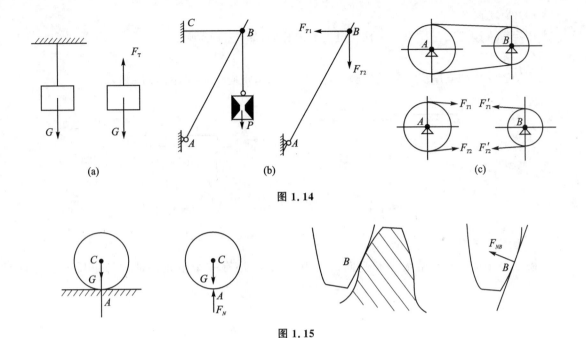

图 1.14

图 1.15

接触处摩擦不计。

　　解：分析 A、B 为光滑接触面约束类型，其受力应该为作用在 A、B 两点上，方向是垂直于接触点 A、B 的切线，同时这个受力图也满足一刚体受共面不平行的三个力作用而平衡时，这三个力的作用线必汇交于一点 O'，如图 1.16 所示。

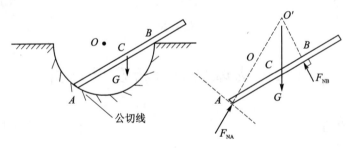

图 1.16

3. 圆柱铰链约束

　　圆柱铰链的约束反力在垂直于销钉轴线的平面内，通过销钉中心，而方向未定。这种约束反力有大小和方向两个未知量，可用一个大小和方向均未知的力 F_c 来表示；也可以用两个互相垂直的分力 F_{cx} 和 F_{cy} 来表示。圆柱铰链约束如图 1.17 所示。

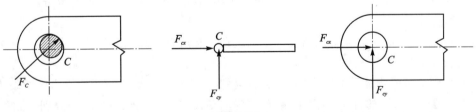

图 1.17

（1）固定铰支座

固定铰支座的支座反力与圆柱铰链的反力相同,如图1.18所示。

（2）可动铰支座

可动铰支座的支座反力通过接触点,沿销钉中心,指向未定,如图1.19所示。

图 1.18　　　　　　　　　图 1.19

4. 固定端支座

固定端支座除了产生水平和竖向的约束反力外,还有一个阻止转动的约束反力偶,如图1.20所示。

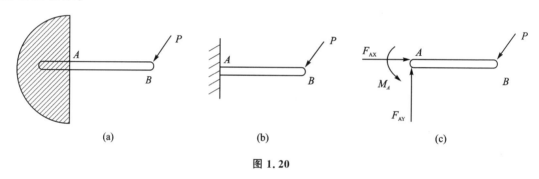

图 1.20

1.4　物体受力分析及受力图

1.4.1　受力分析基础

将所研究的物体或物体系统从与其联系的周围物体或约束中分离出来,并分析它受几个力的作用,确定每个力的作用位置和力的作用方向,这一过程称为物体受力分析。物体受力分析过程包括如下两个主要步骤。

（1）确定研究对象,取出分离体

待分析的某物体或物体系统称为研究对象。明确研究对象后,需要解除它受到的全部约束,将其从周围的物体或约束中分离出来,单独画出相应简图,这个步骤称为取分离体。

（2）画受力图

在分离体图上,画出研究对象所受的全部主动力和所有去除约束处的约束反力,并标明各力的符号及受力位置。

这样得到的表明物体受力状态的简明图形称为受力图。下面举例说明受力图的画法。

【例1.2】　梁 AB 的 A 端为固定端,B 端为活动铰链支座,梁上 C、D 处分别受到力 F 与力偶 M 的作用,如图1.21(a)所示。梁的自重不计,试画出梁 AB 的受力图。

解：① 确定研究对象 AB 杆。

② 取分离体。AB 杆的固定端约束和活动铰支座去掉。

③ 画受力图,如图 1.21(b)所示。

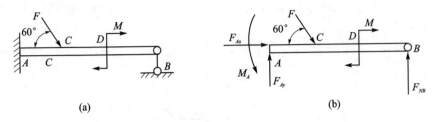

(a)   (b)

图 1.21

1.4.2　单个物体的受力图

【例 1.3】　重量为 G 的小球置于光滑的斜面上,并用绳索系住(如图 1.22 所示),试画出小球的受力图。

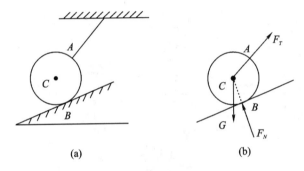

(a)   (b)

图 1.22

解：① 确定研究对象:球 C。

② 取分离体。球 C 的柔性约束和光滑面约束去掉。

③ 画受力图,如图 1.22(b)所示。

【例 1.4】　水平梁 AB 受已知力 P 作用,A 端为固定铰支座,B 端为可动铰支座,如图 1.23(a)所示。梁的自重不计,试画出梁 AB 的受力图。

解：① 确定研究对象:杆件 AB。

② 取分离体。杆件 AB 的固定铰支座和活动铰支座约束去掉。

③ 画受力图,如图 1.23(b)或(c)所示。

1.4.3　物体系统的受力图

【例 1.5】　梁 AC 和 CD 用圆柱铰链 C 连接,并支承在三个支座上,A 处为固定铰支座,B、D 处

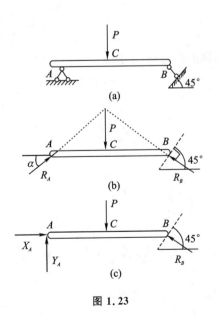

(a)

(b)

(c)

图 1.23

均为可铰支座,如图 1.24 所示。梁的自重不计,试画出梁 AC、CD 及整梁 AD 的受力图。

解: ① 取 AC 杆的分离体,A 处为固定铰链约束,B 处受到活动铰支座约束,C 处受到中间铰链约束,其受力图见图 1.24(b)。

② 取 CD 杆的分离体,C 处受到 AC 杆的反作用力,D 处为活动铰链约束,CD 杆受力如图 1.24(c)所示。

③ 以结构整体为研究对象,主动力有荷载 P,注意到 B、D 处为活动铰支座约束,约束反力为 F_B、F_C。其受力图见图 1.24(d)。

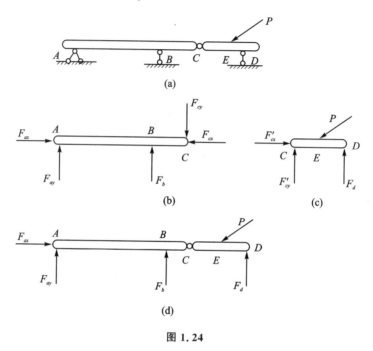

图 1.24

【例 1.6】 试画出图 1.25(a)所示结构的整体、AB 杆、AC 杆的受力图。

解: ① 以结构整体为研究对象,主动力有荷载 F,注意到 B、C 处为光滑面约束,约束反力为 F_B、F_C,其受力图见图 1.25(b)。

② 取 AB 杆的分离体,A 处为光滑圆柱铰链约束,D 处受到柔绳约束,其受力图见图 1.25(c)。

③ 取出 AC 杆的分离体,A 处受到 AB 杆的反作用力 F'_{Ax}、F'_{Ay},E 处为柔绳约束,AC 杆受力如图 1.25(d)所示。

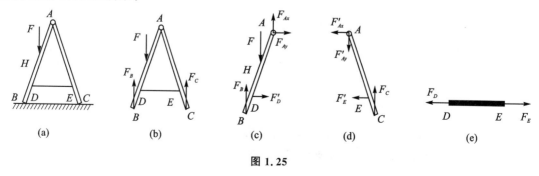

图 1.25

【例 1.7】　在图 1.26(a)中,多跨梁 ABC 由 ADB、BC 两个简单的梁组合而成,受集中力 F 及均布载荷 q 作用,试画出整体及梁 ADB、BC 段的受力图。

解：① 取整体为研究对象,先画集中力 F 与分布载荷 q,再画约束反力。A 处约束反力分解为二正交分量,D、C 处的约束反力分别与其支承面垂直,B 处约束反力为内力,不能画出。整体的受力图见图 1.26(b)。

② 取 ADB 段的分离体,先画集中力 F 及梁段上的分布载荷 q,再画 A、D、B 处的约束反力 F_{Ax}、F_{Ay}、F_D、F_{Bx}、F_{By},ADB 梁受力,如图 1.26(c)所示。

③ 取 BC 段的分离体,先画梁段上的分布载荷 q,再画出 B、C 处的约束反力,注意 B 处的约束反力与 AB 段 B 处的约束反力是作用力与反作用力关系,C 处的约束反力 F_C 与斜面垂直,BC 梁受力如图 1.26(b)所示。

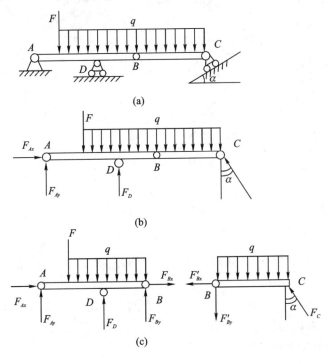

图 1.26

【例 1.8】　在图 1.27(a)所示的构架中,BC 杆上有一导槽,DE 杆上的销钉可在槽中滑动,设所有接触面均为光滑,各杆的自重均不计,试画出整体及杆 AB、BC、DE 的受力图。

解：① 取整体为研究对象,注意到 A、C 处均为固定铰支座。先画集中力 F,再画 A、C 处的约束反力,如图 1.27(b)所示。

② 取 DE 杆的分离体,先画集中力 F,再画 H、D 所受之力。销钉 H 可沿导槽滑动,因此导槽给销钉的约束反力 F_{NH} 应垂直于导槽,D 处约束反力用正交力 F_{Dx}、F_{Dy} 表示。DF 杆受力如图 1.27(c)所示。

③ 取 BC 杆的分离体,先画销钉 H 对导槽的作用力 F'_{NH},它与上面的力 F_{NH} 是作用力与反作用力的关系;再画固定铰支座 C 的约束反力 F_{Cx}、F_{Cy},它们应与整体图 1.27(b)的一致;中间铰链 B 用正交分力 F_{Bx}、F_{By} 表示,BC 杆受力如图 1.27(d)所示。

④ 取 AB 杆的分离体,铰链支座 A 的约束反力应与整体图 1.27(b)的一致,中间铰链 D、B 的约束反力应与图 1.27(c)、图 1.27(d)中 D、B 的约束反力是作用力与反作用力的关系。AB 杆受力如图 1.27(e)所示。

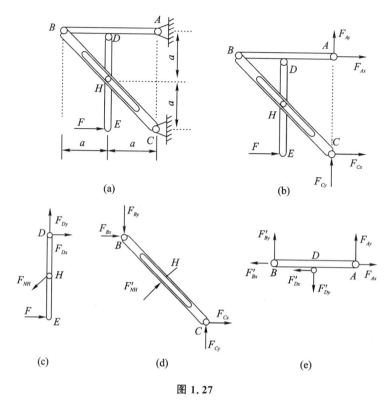

图 1. 27

【例 1. 9】 对于图 1.28(a)所示的物体系统,试画出整体、杆 AB、AC(均不包括销钉 A、C)、销钉 A、销钉 C 的受力图。

解:① 先分析整体的受力情况,主动力有重力 Q。A 处为滑动铰支座约束,C 处为固定铰支座约束,因此 A 处的约束反力垂直向上,用 F_{NA} 表示,C 处的约束反力用两个正交分力 F_{Cx}、F_{Cy} 表示,整体的受力图见图 1.28(b)。

② 取出杆 AB,A、B 两处为铰链约束,在 D 处有绳索约束,且杆 BC 为二力杆,因此 B 处约束反力沿着杆 BC 的方向,而 A 处的约束反力是销钉 A 对 AB 杆的作用力,可用两个大小未知的正交分力 F_{Ax_1}、F_{Ay_1} 表示,其受力图如图 1.28(c)所示。

③ 取出杆 AC,A、O、C 三处均为铰链约束,A 处有销钉 A 对杆 AC 的约束反力,用大小未知的两个力 F_{Ax_2}、F_{Ay_2} 表示。O 处有圆盘 O 给杆 AC 的约束反力 F_{Ox}、F_{Oy},C 处有销钉 C 对杆 AC 的约束反力 F_{Cx_1}、F_{Cy_1} 杆 AC 的受力图如图 1.28(d)所示。

④ 取销钉 A 为研究对象,A 处为滑动铰支座对销钉 A 有约束反力为 F_{NA},另外销钉 A 还受到杆 AC、AB 对它的约束,其约束反力可以根据作用和反作用定律确定,分别用 F'_{Ax_2}、F'_{Ay_2}、F'_{Ax_1}、F'_{Ay_1} 表示,如图 1.28(e)所示。

⑤ 取销钉 C 为研究对象,销钉 C 受到固定铰支座、杆 AC、杆 BC 对它的约束。固定铰支座给销钉 C 的约束反力就是 F_{Cx}、F_{Cy},杆 BC 为二力构件,因此杆 BC 对销钉 C 的约束反力 F'_{BC} 沿着杆 BC 的连线,方向与杆 BC 对杆 AB 的约束反力方向相反。杆 AC 对销钉 C 的约束

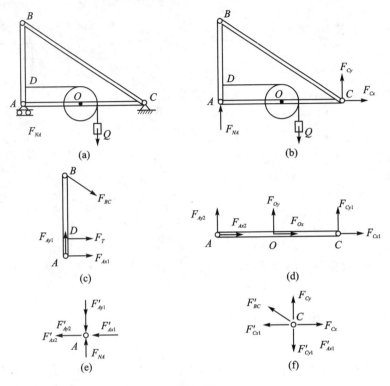

图 1.28

反力由作用和反作用定律确定，用 F'_{Cx_1}、F'_{Cy_1} 表示，销钉 C 受力如图 1.28(f)所示。

综合以上各例的分析，现将画受力图时的注意点归纳如下：

> 明确研究对象。画受力图时首先必须明确要画哪一个物体的受力图，然后把它所受的全部约束去掉，单独画出该研究物体的简图。把表示研究对象的图形从物体系统中平行移动出来。

> 注意约束反力与约束一一对应。每解除一个约束，就有与它对应的约束反力作用在研究对象上；约束反力的方向要依据约束的类型来画，不可根据主动力的方向简单推断。

> 注意作用与反作用关系。在分析两物体之间的相互作用时，要符合作用与反作用的关系，作用力的方向一经确定，反作用力的方向就必须与它相反。

1.5　力的投影计算

1.5.1　力在平面直角坐标系中的投影

设在直角坐标 Oxy 平面内，有一已知力 F，此力与 x 轴所夹的角为锐角。从力 F 的两端 A 和 B 分别向 x、y 轴作垂线，垂足分别为 a、b 和 a'、b'，其中线段 ab 称为力 F 在 x 轴上的投影，用 F_x 表示；线段 $a'b'$ 称为力 F 在 y 轴上的投影，用 F_y 表示。力 F 平面直角坐标系中的投影如图 1.29 所示。

力在坐标轴上的投影是代数量，若投影的指向与坐标轴的正向一致，则投影值为正；反之为负。

力 F 在 x 轴、y 轴上的投影为

$$F_x = \pm ab \\ F_y = \pm a'b' \quad\Big\}$$ (1.2)

如图 1.29 所示,力 F 在 x 轴和 y 轴的投影分别为

$$F_x = F \cos \alpha \\ F_y = -F \sin \alpha \quad\Big\}$$ (1.3)

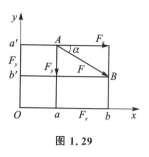

图 1.29

若已知力 F 在平面直角坐标轴上的投影 F_x 和 F_y,则该力的大小和方向为

$$F = \sqrt{F_x^2 + F_y^2} \\ \tan \alpha = \left| \frac{F_y}{F_x} \right| \quad\Bigg\}$$ (1.4)

必须注意:力的投影与力的分量(分力)是不相同的,力的投影是代数量,而分力是作用点确定的矢量。

1.5.2 力在空间直角坐标系中的投影

1. 一次投影法

设空间直角坐标系的三个坐标轴,力在空间直角坐标系的一次投影如图 1.30 所示。已知力 F 与三坐标轴的夹用分为 α、β、γ,则力 F 在三个轴上的投影等力的大小乘以该夹角的余弦,即

$$F_x = F \cos \alpha \\ F_y = F \cos \beta \\ F_z = F \cos \gamma \quad\Bigg\}$$ (1.5)

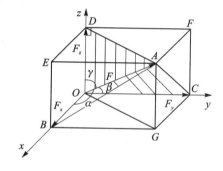

图 1.30

式中,α、β、γ 分别为力 F 与 x、y、z 轴所夹的锐角。

2. 二次投影法

力在空间直角坐标系的二次投影如图 1.31 所示。已知力 F 与 z 轴的夹角为 γ,力 F 与 z 轴所确定的平面与 x 轴的夹角为 φ,可先将力 F 在 Oxy 平面上投影,然后再向 x、y 轴进行投影,则力在三个坐标轴上的投影分别为

$$F_x = F \sin \gamma \cos \varphi \\ F_y = F \sin \gamma \sin \varphi \\ F_z = F \cos \varphi \quad\Bigg\}$$ (1.6)

反过来,若已知力在三个坐标轴上的投影 F_x,F_y、F_z,则也可求出力的大小和方向。例如,斜齿轮的空间受力如图 1.32 所示,可求出力的大小和方向,即

$$F = \sqrt{F_x^2 + F_y^2 + F_z^2}$$

$$\cos \alpha = \frac{F_x}{F}, \qquad \cos \beta = \frac{F_y}{F}, \qquad \cos \gamma = \frac{F_z}{F}$$ (1.7)

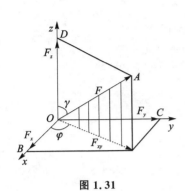

图 1.31

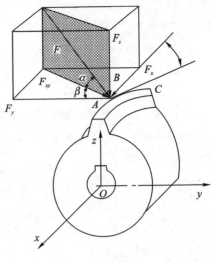

图 1.32

1.5.3 合力投影定理

若作用于一点的 n 个力 $F_1, F_2, \cdots, F_n$ 的合力为 F_R,则合力在某轴上的投影等于各分力在同一轴上投影的代数和,这就是合力投影定理。

$$\begin{cases} F_{Rx} = F_{1x} + F_{2x} + \cdots + F_{nx} = \Sigma F_x \\ F_{Ry} = F_{1y} + F_{2y} + \cdots + F_{ny} = \Sigma F_y \\ F_{Rz} = F_{1z} + F_{2z} + \cdots + F_{nz} = \Sigma F_z \end{cases}$$

$$F_R = \sqrt{(\Sigma F_x)^2 + (\Sigma F_y)^2 + (\Sigma F_z)^2}$$

若 $F_R = 0$,则

$$\Sigma F_x = 0 \qquad \Sigma F_y = 0 \qquad \Sigma F_z = 0 \tag{1.8}$$

故力在每个坐标轴上投影代数和为零,则合力为零,这就是投影方程。

【例 1.10】 已知 $F_1 = 200\ \text{N}, F_2 = 150\ \text{N}, F_3 = 200\ \text{N}, F_4 = 100\ \text{N}$,各力的方向如图 1.33 所示。试求各力在 x、y 轴上的投影。

解: ① 各力在 x 轴上的投影:

$F_{1x} = -F_1 \cos 30° = -173.2\ \text{N}$

$F_{2x} = 0\ \text{N}$

$F_{3x} = F_3 \cos 45° = 141.4\ \text{N}$

$F_{4x} = -F_4 \cos 60° = -50\ \text{N}$

② 各力在 y 轴上的投影:

$F_{1y} = -F_1 \sin 30° = -100\ \text{N}$

$F_{2y} = -F_2 = -150\ \text{N}$

$F_{3y} = F_3 \sin 45° = 141.4\ \text{N}$

$F_{4y} = F_4 \sin 60° = 86.6\ \text{N}$

【例 1.11】 已知 $F_1 = 200\ \text{N}, F_2 = 300\ \text{N}, F_3 = 100\ \text{N}, F_4 = 250\ \text{N}$,求图 1.34 所示平面汇

交力系的合力。

解：$F_x = F_{1x} + F_{2x} + F_{3x} + F_{4x}$

$\qquad = F_1 \cos 30° - F_2 \cos 60° - F_3 \cos 45° + F_4 \cos 45°$

$\qquad = 129.3 \text{ N}$

$\quad F_y = F_{1y} + F_{2y} + F_{3y} + F_{4y}$

$\qquad = F_1 \sin 30° + F_2 \sin 60° - F_3 \sin 45° - F_4 \sin 45°$

$\qquad = 112.3 \text{ N}$

$\quad F_R = \sqrt{F_x^2 + F_y^2}$

$\qquad = 171.3 \text{ N}$

$\cos \alpha = \dfrac{F_x}{F_R} = 0.7548, \qquad \alpha = 40.99°$

$\cos \beta = \dfrac{F_y}{F_R} = 0.6556, \qquad \alpha = 49.01°$

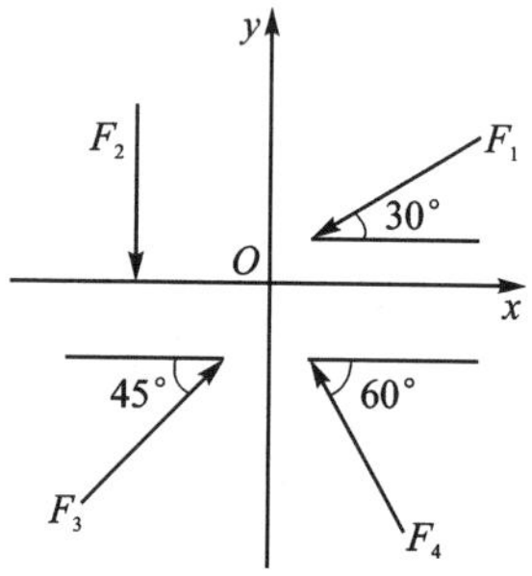

图 1.33 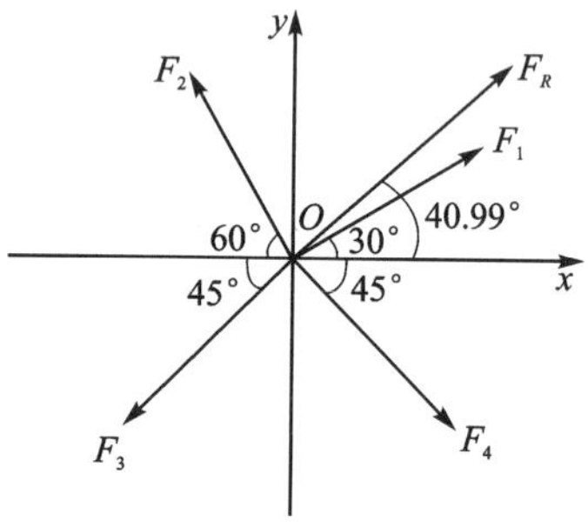　　　　图 1.34

1.6　力对点之矩和力对轴之矩计算

1.6.1　力对点之矩

人们从实践经验中体会到,力对物体的作用可能使物体产生移动,也可能使物体产生转动。例如,开关门窗、踩自行车的脚蹬、用扳手拧螺母等,都是在力的作用下,物体绕某一点或某一轴转动的例子。此外,人们还广泛地应用杠杆、滑轮、绞车等简单机械来搬运或提升较重的物体,这些机械的效益都在于用较小的力可以搬动很重的物体。为了度量力使物体绕一点转动的效应,力学中引入力对点之矩(简称力矩)的概念。

用扳手拧螺母的受力图如图 1.35 所示,作用于扳手一端的力 F 使扳手绕 O 点转动的效应,不仅与力 F 的大小有关,而且与 O 点到力 F 作用线的垂直距离 d 有关。因此,在力学上以乘积 $F \cdot d$ 作为量度力 F 使物体绕 O 点转动效应的物理量,这个量称为力 F 对 O 点之矩,简称力矩,以符号 $M_O(F)$ 表示,即

$$M_O(F) = \pm Fd \tag{1.9}$$

其中：O 点称为力矩中心(简称矩心)；O 点到力 F 作用线的垂直距离 d,称为力臂。通常规定：

力使物体绕矩心做逆时针方向转动时,力矩取正号;作顺时针方向转动时,取负号。根据以上情况,平面内力对点之矩只取决于力矩的大小及旋转方向,因此平面内力对点之矩是一个代数量,如图 1.36 所示。

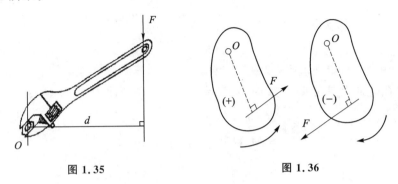

图 1.35　　　　　　　　　　　　图 1.36

力矩的国际制单位是牛(顿)·米或千牛(顿)·米,写为 N·m 或 kN·m。力矩的工程制单位是千克力·米,写为 kgf·m。

由式(1.9)可知,力对点之矩有如下特性:

➤ 力 F 对 O 点之矩不仅取决于力 F 的大小,同时还与矩心的位置有关;

➤ 力 F 对任一点之矩不会因该力沿其作用线移动而改变,因为此时力和力臂的大小均未改变;

➤ 力的作用线通过矩心时,力矩等于零;

➤ 互成平衡的二力对同一点之矩的代数和等于零。

合力矩定理:若力 F_R 是平面汇交力系 $F_1, F_2, \cdots, F_n$ 的合力,由于 F_R 与力系等效,则合力对任一点 O 之矩等于力系各分力对同一点之矩的代数和。

$$M_0(F_R) = M_0(F_1) + M_0(F_2) + \cdots + M_0(F_n)$$

【例 1.12】　一齿轮受到与它相啮合的另一齿轮的法向压力 $F_n = 1\,400$ N 的作用(如图 1.37 所示),已知压力角(作用在啮合点的力与啮合点的绝对速度之间所夹的锐角)$\alpha = 20°$,节圆直径 $D = 0.12$ m,求法向压力 F_n 对齿轮轴心 O 之矩。

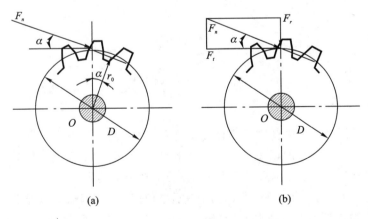

(a)　　　　　　　　　　　　　(b)

图 1.37

解:以下用两种方法计算。

解法一：用力矩定义求解，如图 1.37(a)所示。

$$M_0(F_n) = -F_n r_0 = -F_n \frac{D}{2}\cos\alpha$$

$$= -1\,400\text{ N} \times \frac{0.12\text{ m}}{2}\cos 20°$$

$$= -78.93\text{ N} \cdot \text{m}$$

解法二：用合力矩定理求解，如图 1.37(b)所示。

将力 F_n 在啮合点处分解为圆周力 $F_t = F_n\cos\alpha$ 和径向力 $F_r = F_n\sin\alpha$，由合力矩定理，得

$$M_0(F_n) = M_0(F_t) + M_0(F_r) = -F_t \cdot \frac{D}{2}$$

$$= -1\,400\text{ N} \times \frac{0.12\text{ m}}{2}\cos 20°$$

$$= -78.93\text{ N} \cdot \text{m}$$

1.6.2　力对点之矩与力对轴之矩的关系

如图 1.38 所示，力 F 在圆轮平面内，力产生使物体绕 O 点转动的作用，从而建立了在平面内力对点之矩的概念，即

$$M_o(F) = \pm Fd \tag{1.10}$$

从图 1.38 可以看到，平面内物体绕 O 点的转动，实际上就是空间中物体绕通过 O 点且与该平面垂直的轴转动，即物体绕 z 轴转动。因此，平面内力对点之矩，实际上就是空间中力对轴之矩。力 F 对 z 轴之矩用符号 $M_z(F)$ 表示。

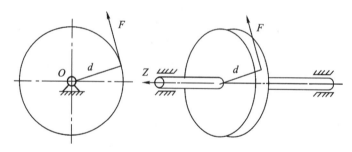

图 1.38

1.6.3　力对轴之矩

力对轴之矩是用来度量力使物体绕轴转动效应的物理量。

下面以开门动作为例来加以说明。设门上作用的力 F 不在垂直于转轴 z 的平面内（如图 1.39 所示），现将力 F 分解为两个分力。分力 F_1 平行于转轴 z，分力 F_2 在垂直于转轴 z 的平面内。因为力 F_1 与 z 轴平行，所以力 F_1 不会使门绕 z 轴转动，只能使门沿 z 轴移动。因此，分力 F_1 对轴之矩为零。分力 F_2 在垂直于轴的图 1.39 所示平面内，它对 z 轴之矩实际上就是它对平面内 O 点（轴与平面的交点）之矩，故

$$M_z(F) = M_z(F_2) = M_0(F_2) = \pm F_2 \cdot d \tag{1.11}$$

式中,正负号表示力对轴之矩的转向。通常规定:从 z 轴的正向看去,逆时针方向转动的力矩为正,顺时针方向转动的力矩为负,如图 1.40(a)所示。也可以用右手法则来判定:用右手握住 z 轴,使四个手指指向力矩转动的方向,如果大拇指指向 z 轴的正向,则力矩为正;反之,如果大拇指指向 z 轴的负向,则力矩为负,如图 1.40(b)所示。力对轴之矩是一个代数量,其单位与力对点之矩相同,用牛顿·米(N·m)或牛顿·厘米(N·cm)等表示。

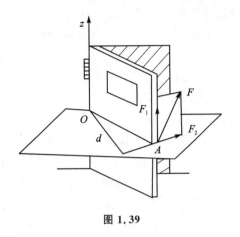

图 1.39

当力 F 平行于 z 轴时,或力 F 的作用线与 z 轴相交($d=0$),即当力 F 与 z 轴共面时,力 F 对该轴之矩均等于零。

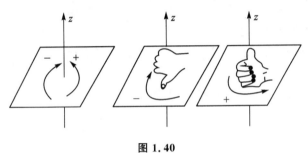

图 1.40

1.6.4　合力矩定理

空间力系的合力对某一轴之矩等于力系中各分力对同一轴之矩的代数和,这就是空间力系的合力矩定理。用公式表示为

$$M_x(F_R) = M_x(F_1) + M_x(F_2) + \cdots + M_x(F_n)$$

故

$$M_x(F_R) = \Sigma M_x(F) \qquad (1.12)$$

空间合力矩定理常常被用来确定物体的重心位置,并且也提供了用分力矩来计算合力矩的方法。空间合力矩为零,则 $\Sigma M_x(F)=0$,$\Sigma M_y(F)=0$,$\Sigma M_z(F)=0$,这就是合力矩方程。

1.7　力偶计算

1.7.1　力偶的概念

在生产实践中,常看到物体同时受大小相等、方向相反、作用线互相平行的两个力的作用,使物体产生转动。例如,用手拧水龙头、转动方向盘等。由大小相等、方向相反、作用线平行但不共线的两个力组成的特殊力系,称为力偶,记为 (F, F'),如图 1.41 所示。组成力偶的两个力之间的距离称为力偶臂,以 d 表示。两个力所在的平面称为力偶的作用面。

力偶对物体的转动效应决定于力偶的三要素:力偶矩的大小、力偶作用面在空间的方位及力偶在作用面内的转向。

力偶(F,F')对物体的作用效应可用力偶矩来度量,以符号 $M(F,F')$ 表示,或简写为 M:

$$M = \pm Fd \tag{1.13}$$

与力矩一样,力偶矩的国际制单位是牛顿·米,或千牛顿·米,写为 N·m 或 kN·m。力偶矩的工程制单位是千克力·米,写为 kgf·m。

力偶矩矢的大小 $M = Fd$,方位垂直于力偶作用面,指向根据右手螺旋法则确定,如图 1.41 所示。右手四指指向力偶的转向,大拇指指向为力偶矩矢的正方向。

力偶对刚体的作用决定于力偶矩矢。力偶矩作用于刚体上的任意一点,其效应不变。因此,力偶矩矢为自由矢量。

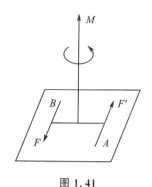

图 1.41

1.7.2 力偶的性质

力偶矩矢相等的两个力偶必然等效。

性质一 力偶对任意点之矩等于力偶矩矢,力偶对任意轴之矩等于力偶矩矢在该轴上的投影。

力偶在任意轴上投影的代数和为零,故不能合成为一个力,也不能与一个力等效。力偶的这一性质说明了力偶不能与一个力相互平衡,只能与一个力偶平衡。可见,力与力偶是静力学的两个基本要素。

如图 1.42 所示,在力偶平面内任取一点 O 为矩心,设 O 点与力 F 的距离为 x,则力偶的两个力对 O 点之矩的和为

$$
\begin{aligned}
M_O(F) + M_O(F') &= -F \cdot x + F' \cdot (x+d) \\
&= -F \cdot x + F' \cdot x + F' \cdot d \\
&= -F' \cdot d
\end{aligned}
$$

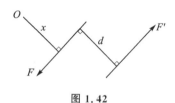

图 1.42

性质二 只要保持力偶矩矢不变,力偶可以在其作用面内及相互平行的平面内任意搬移而不会改变它对刚体的作用效应。例如,汽车的方向盘无论安装得高一些还是低一些,只要保证两个位置的转盘平面平行,对转盘施以力偶矩相等、转向相同的力偶,其转动效应是相同的。

只要不改变力偶矩矢 M 的大小和方向,将 M 画在同一刚体上的任何位置,其效果都一样。

性质三 只要保持力偶的转向和力偶矩的大小(即力与力偶臂的乘积)不变,可将力偶中的力和力偶臂做相应的改变,或将力偶在其作用面内任意移转,而不会改变其对刚体的作用效应。正因为如此,常常只在力偶的作用面内画出弯箭头加 M 来表示力偶,其中 M 表示力偶矩的大小,箭头则表示力偶在作用面内的转向。力偶的转向和力偶矩的大小如图 1.43 所示。

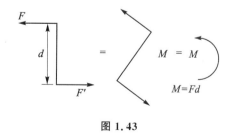

图 1.43

在平面情形下,由于力偶的作用面就是该平面,此时不必表明力偶的作用面,只需表示出

力偶矩的大小及力偶的转向即可,因此可将力偶定义为代数量:$M=\pm Fd$(如图 1.43 所示),并且规定当力偶为逆时针转向时力偶矩为正,反之为负。

1.7.3　平面力偶系的合成

当物体在某平面内作用有两个或两个以上的力偶时即组成平面力偶系,从上面的力偶性质可知,力偶对刚体只产生转动效应,且转动效应的大小完全取决于力偶矩的大小和转向,那么力偶系可以简化,其简化结果也应是一个力偶。力偶系简化所得到的结果称为力偶系的合力偶。可以证明,合力偶矩的大小等于各个分力偶矩的代数和,即

$$M=M_1+M_2+\cdots+M_n \tag{1.14}$$

【例 1.13】　用多轴钻床在一工件上同时钻出四个直径相同的孔,如图 1.44 所示。每一钻头作用于工件的钻削力偶,其矩估值为 $M=15$ N·m。求作用于工件总的钻削力偶矩。

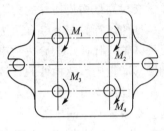

图 1.44

解:作用于工件上的四个力偶,各力偶矩的大小相等、转向相同且在同一平面,根据式(1.14)可求出合力偶矩(总的钻削力偶矩):

$$M=M_1+M_2+M_3+M_4=-60 \text{ N·m}$$

负号表示合力偶矩顺时针方向转动。求得总切削力偶矩之后,即可考虑夹紧措施并设计夹具。

本章小结

1. 力的概念

力是物体间相互的机械作用,力的外效应是使物体的运动状态发生改变。力的三要素包括大小、方向和作用点。力是矢量。

刚体是我们研究物体受力分析及平衡问题时,为物体抽象化的最基本的力学模型。

2. 静力学公理

阐明了力的基本性质。二力平衡公理是最简单的力系平衡条件。加减平衡力系公理是力系等效代换和简化的基本基础。力的平行四边形法则是力系合成和分解的基本法则。作用与反作用公理结合揭示力的存在形式和传递方式。

二力构件是受两个力作用处于平衡的构件。正确分析和判断结构中的二力构件,是进行构件受力分析的基础。

3. 几类常见约束的约束模型

(1) 柔体约束

只承受拉力,不承受压力。约束反力沿柔体的中线背离受力物体。

(2) 光滑面约束

限制物体沿接触面垂直方向的运动,不限制物体沿接触面平行方向运动。约束反力沿接触面公法线,指向物体。

（3）光滑铰链约束

固定铰支座，限制了构件在铰处的相对移动，不限制构件绕铰的转动。约束反力的方向不确定，通常用两个正交的分力来表示。当固定铰支座约束的是二力构件时，其约束反力的方向是确定的。

可动铰支座，限制了构件沿支撑面垂直方向的运动，不限制构件沿支撑面平行方向的运动。约束反力沿支撑面法线，一般按指向构件画出。

（4）固定端约束

固定端除了水平和铅垂方向的约束反力外，还有一个阻止转动的力偶。

4．力学模型和受力图

学会建立结构或构件的力学模型，是解决工程实际问题的关键。

构件的计算简图是综合了为构件选择合适的简化平面，画其轮廓线作其简图（若是杆件，则可用其轴线代替），然后按约束特性把约束简化为约束模型再简化构件上的作用载荷，所得到的图形。正确理解构件的计算简图，是研究工程力学的重要基础。

画构件的受力图要先确定研究对象取分离体，在分离体上画出全部的主动力和约束反力，并检查是否多画或漏画力。

5．力的投影、力对点之矩和力对轴之矩

（1）力在平面直角坐标系中的投影

力在平面直角坐标系中的投影为代数量。已知力 F 与 x 轴夹角为 α，则力 F 在 x 轴、y 轴的投影为

$$F_x = F\cos\alpha$$
$$F_y = F\sin\alpha$$

（2）力在空间坐标系上的投影

一次投影法：如已知力 F 及其与 x、y、z 轴之间的夹角分别为 α、β 和 γ，则有

$$F_x = F\cos\alpha$$
$$F_y = F\sin\beta$$
$$F_z = F\cos\gamma$$

二次投影法：通过 F 向坐标面上的投影，再向坐标轴投影。即

$$F_x = F\sin\gamma\cos\varphi$$
$$F_y = F\sin\gamma\sin\varphi$$
$$F_z = F\cos\gamma$$

（3）力对点之矩

力使物体绕某点转动效应的度量，称为力对点之矩，简称力矩，用 $M_O(F)$ 表示，即 $M_O(F) = \pm F \cdot d$。合力矩定理是力系合力对某点的力矩等于力系各分力对同一点力矩的代数和。

（4）力对轴之矩

应用式 $M_z(F) = M_o(F_2)$，将空间问题中力对轴之矩转化为与轴垂直平面内的分力对轴与该平面交点之矩来计算。

力线与轴线共面，则力对该轴无矩。

6．力　偶

一对大小相等、方向相反、作用线平行的两个力称为力偶。力偶矩的大小、转向和作用平

面称为力偶的三要素。

① 力偶无合力,在坐标轴上的投影之和为零。力偶不能与一个力等效,也不能用一个力来平衡,力偶只能用力偶来平衡。

② 力偶对其作用平面内任一点的力矩,恒等于其力偶矩,而与矩心的位置无关。

③ 力偶可在其作用平面内任意移动,而不改变他对刚体的转动效应。

习　题

一、填空题

1. 力的三要素包括_____、_____和_____。

2. 力对物体的作用效果一般分为_____效应和_____效应。

3. 在工程中,把物体_____或_____的状态称为平衡。

4. 对非自由体的运动所预加的限制条件为_____;约束反力的方向总是与约束所能阻止的物体的运动趋势的方向_____;约束反力由_____力引起,且随_____力的改变而改变。

5. 工程中遇到的物体,大部分是非自由体,那些限制或阻碍非自由体运动的物体称为_____。

6. 由链条、带、钢丝绳等构成的约束称为柔体约束,这种约束的特点如下:只能承受_____不能承受_____,约束力的方向沿_____的方向。

7. 物体受力分析包括_____和_____两个主要步骤。

8. 物体相对于惯性参考系处于静止或做匀速直线运动,称为_____。

9. 约束作用于约束物体上的力称为_____。

10. 刚体在三个力作用下处于平衡状态其中两个力的作用线汇交于一点,则第三个力的作用线一定通过_____。

11. 力对物体的效应取决于力的大小、方向和_____。

12. 使物体运动或产生运动趋势的力称为_____。

13. 约束反力的方向应与约束所能限制的物体的运动方向_____。

14. 常见的约束类型有_____约束、_____约束、_____约束和_____约束。

15. 力矩的大小等于_____和_____的乘积。通常规定力使物体绕矩心_____时力矩为正,反之为负。

16. 大小_____、方向_____、作用线_____的两个力组成的力系,称为力偶。力偶中二力之间的距离称为_____,力偶所在的平面称为_____。

17. _____是指由无数个点组成的不变形系统。

18. 单手转动方向盘驾驶汽车是_____的作用。

19. 约束反力的个数由_____决定。

20. 力偶对其作用面内任意一点之矩恒等于_____,与矩心位置_____(填"有"或"无")关。

二、单选题

1. 柔体约束的约束反力是（　　　）。
   A. 拉力
   B. 压力
   C. 有时拉力,有时压力
   D. 以上都不对

2. 刚体受三力作用而处于平衡状态,则此三力的作用线（　　　）。
   A. 必汇交于一点
   B. 必互相平行
   C. 必均为零
   D. 必位于同一平面内

3. 力的可传性原理适用于（　　　）。
   A. 一个刚体
   B. 多个刚体
   C. 变形体
   D. 由刚体和变形体组成的系统

4. 作用在同一刚体上的两个力大小相等、方向相反且沿着同一条作用线,这两个力是（　　　）。
   A. 作用力与反作用力
   B. 平衡力
   C. 力偶
   D. 力矩

5. 既能限制物体转动,又能限制物体移动的约束是（　　　）。
   A. 柔体约束
   B. 固定端约束
   C. 活动铰链约束
   D. 光滑面约束

6. 加减平衡力系公理适用于（　　　）。
   A. 刚体
   B. 变形体
   C. 任意物体
   D. 由刚体和变形体组成的系统

7. 光滑面对物体的约束反力,作用在接触点处,方向沿接触面的公法线,且（　　　）。
   A. 指向受力物体,恒为拉力
   B. 指向受力物体,恒为压力
   C. 背离受力物体,恒为拉力
   D. 背离受力物体,恒为压力

8. 两个力大小相等,分别作用于物体同一点处时,对物体的作用效果（　　　）。
   A. 必定相同
   B. 未必相同
   C. 必定不同
   D. 只有在两力平行时相同

9. 力的可传性原理是指作用于刚体上的力可在不改变其对刚体的作用效果下（　　　）。
   A. 平行其作用线移到刚体上任一点
   B. 沿其作用线移到刚体上任一点
   C. 垂直其作用线移到刚体上任一点
   D. 任意移动到刚体上任一点

10. 在下列原理、法则、定理中,只适用于刚体的是（　　　）。
    A. 二力平衡原理
    B. 力的平行四边形法则
    C. 力的可传性原理
    D. 作用与反作用定理

11. 静力学把物体看为刚体,是因为（　　　）。
    A. 物体受力不变形
    B. 物体的硬度很高
    C. 抽象的力学模型
    D. 物体的变形很小

12. 柔性物体对物体的约束反力,作用在连接点,方向（　　　）。
    A. 指向该被约束体,恒为拉力
    B. 背离该被约束体,恒为拉力
    C. 指向该被约束体,恒为压力
    D. 背离该被约束体,恒为压力

13. 下面哪一个选项不是力偶的性质（　　　）。

A. 力偶没有合力　　　　　　　　B. 力偶在任一轴上的投影总等于零

C. 力偶的不可移性　　　　　　　D. 力偶的力偶距大小不变

14. 图 1.45 中有两个共面力系,其三个力汇交于一点,各力均不为零,且图 1.45(a)中 F_1 与 F_2 共线,则图 1.45(a)中力系(　　　),则图 1.45(b)中力系(　　　)。

A. 平衡　　　　　　　　　　　　B. 不一定平衡

C. 不平衡　　　　　　　　　　　D. 不确定

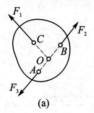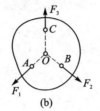

图 1.45

三、判断题

1. 刚体是指在外力的作用下,大小和形状不变的物体。(　　　)

2. 二力平衡公理只适用于刚体。(　　　)

3. 大小相等、方向相反、作用在一条直线上的两个力是一对作用与反作用力。(　　　)

4. 两物体间相互作用的力总是同时存在,并且两力等值、反向共线,作用在同一个物体上。(　　　)

5. 力的可传性原理和加减平衡力系公理只适用于刚体。(　　　)

6. 凡在二力作用下的约束成为二力构件。(　　　)

7. 二力构件是指两端用铰链连接并且只受两个力作用的构件。(　　　)

8. 柔体约束特点是限制物体沿绳索伸长方向的运动,只能给物体提供拉力。刚体上的力可沿作用线移动。(　　　)

9. 静力学公理中,二力平衡公理和加减平衡力系公理适用于刚体。(　　　)

10. 静力学公理中,作用力与反作用力公理和力的平行四边形公理适用于任何物体。(　　　)

11. 力的大小等于零或力的作用线通过矩心时,力矩等于零。(　　　)

12. 两个力在同一轴上的投影相等,则这两个力一定相等。(　　　)

13. 组成力偶的两个力 $F = -F$,故力偶的合力等于零。(　　　)

14. 力偶无合力,且力偶只能用力偶来等效。(　　　)

15. 约束反力的方向与主动力有关,而与约束类型无关。(　　　)

16. 约束反力的个数由约束类型决定。(　　　)

17. 光滑接触面提供的约束反力为压力。(　　　)

18. 力偶矩的大小与矩心位置无关。(　　　)

19. 双手转动方向盘驾驶汽车是力偶矩的作用。(　　　)

20. 固定端支座的约束性能最强,可以使被约束物体在连接处不发生任何相对移动和转动。(　　　)

四、简答题

1. 物体受力分析的步骤有哪些?

2. 受力图的绘制需要注意事项有哪些?

3. 何谓平衡力系、等效力系?

4. 何谓力系的合成、力系的分解?

5. "合力一定比分力大"这种说法对否? 为什么?

6. 简述三力平衡汇交定理。

7. 简述二力平衡条件。

8. 力 F 沿 x、y 坐标轴方向的分力和该力在两个直角坐标轴上的投影是否相同? 有何区别?

9. 指出图 1.46 所示结构中的二力杆。

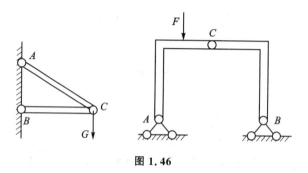

图 1.46

10. 力的作用效应是什么?

11. 什么是约束和约束力?

12. 什么是力矩和力偶?

五、计算题

1. 如图 1.47 所示,平面上的三个力 $F_1 = 100$ N,$F_2 = 50$ N,$F_3 = 50$ N,三力作用线均过 A 点。试求此力系的合力。

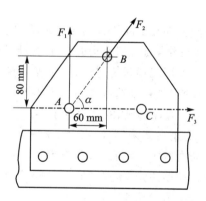

图 1.47

2. 试计算图 1.48 中的力 F 对点 O 之矩。

3. 如图 1.49 所示,为翻斗车上翻斗的工作原理示意图。BC 表示液压缸,力 F 为缸中活塞作用于翻斗之力。试求力 F 对点 A 之矩。

六、画图题

试画出图 1.50 所示各图中物体 A、构件 AB 的受力图。未画重力的物体重量不计,所有

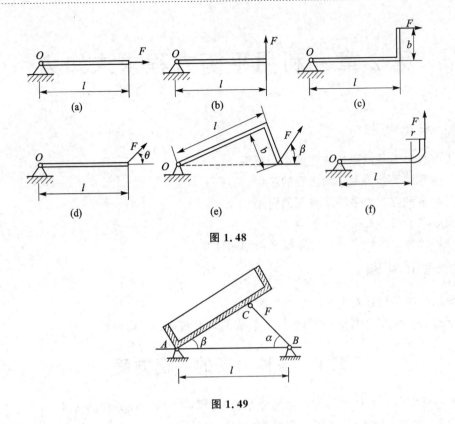

图 1.48

图 1.49

接触面均为光滑接触。

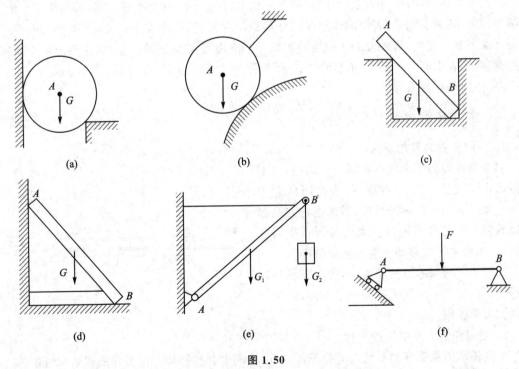

图 1.50

第2章 利用平衡方程求未知力

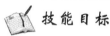 **知识目标**

➢ 了解各种力系的平衡方程及适用范围。
➢ 掌握各种平面力系平衡方程的应用。
➢ 了解各种空间力系平衡方程的应用。
➢ 理解重心与形心的概念。
➢ 理解摩擦力的概念及考虑摩擦平衡问题计算。

技能目标

➢ 熟练解决平面任意力系的平衡问题。
➢ 会解决平面汇交力系、平面平行力系及平面力偶系的平衡问题。

2.1 各种力系的平衡方程

根据力系中各力的作用线在空间的分布情况,可将力系进行分类:力的作用线均在同一平面内的力系,称为平面力系;力的作用线为空间分布的力系,称为空间力系;力的作用线均汇交于同一点的力系,称为汇交力系;力的作用线互相平行的力系,称为平行力系;若组成力系的元素都是力偶,则为力偶系;若力的作用线的分布是任意的,既不相交于一点,也不都相互平行,则为任意力系。此外,若各力的作用线均在同一平面内且汇交于同一点,则为平面汇交力系,以此类推,还有平面力偶系、平面任意力系、平面平行力系、空间汇交力系、空间力偶系、空间任意力系、空间平行力系等。

2.1.1 空间任意力系

1. 空间任意力系的定义

力系中各力的作用线不在同一平面内,既不平行又不汇交于一点的力,称为空间任意力系。这是力系中最普遍的形式,其他各种力系都可以看成它的特殊情形。空间任意力系作用在物体上,使物体产生移动效应和转动效应。

如图 2.1 所示的齿轮轴受力,各力既不相互平行又不汇交于一点且不在同一平面内,此为空间任意力系作用。

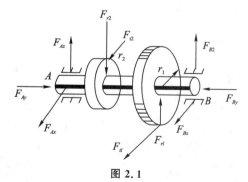

图 2.1

2. 空间任意力系的平衡方程

空间任意力系平衡的必要与充分条件如下:空间力在坐标轴上的投影的代数和等于零,空间力对坐标轴之矩的代数和等于零,亦即

$$\left.\begin{aligned}\Sigma F_x &= 0 \\ \Sigma F_y &= 0 \\ \Sigma F_z &= 0 \\ \Sigma M_x(F) &= 0 \\ \Sigma M_y(F) &= 0 \\ \Sigma M_z(F) &= 0\end{aligned}\right\} \tag{2.1}$$

利用这六个平衡方程式,可以求解六个未知量。前三个方程式称为投影方程式,后三个方程式称为力矩方程式。

这就是空间力系平衡方程的基本形式。方程组(2.1)表明:在空间任意力系作用下刚体平衡的充要条件是,力系中所有各力在三个坐标轴上投影的代数和均等于零,力系中各力对此三轴之矩的代数和也分别等于零。

方程组(2.1)的六个方程是相互独立的,它可以求解六个未知量。列平衡方程时投影轴和力矩轴可以任意选取,在解决实际问题时适当选择力矩轴和投影轴可以简化计算,尤其是研究系统的平衡问题时,往往要解多个联立方程。因此为了简化运算,力系平衡方程组中的力的投影方程可以部分或全部地用力矩方程替代。但必须注意每取一个研究对象,方程的总数不能超出六个,所列方程必须是相对独立的平衡方程。

2.1.2　空间汇交力系

1. 空间汇交力系的定义

力系中各力的作用线不在同一平面内且汇交于一点的力系,称为空间汇交力系。

图 2.2 所示为简易起吊装置的受力,各力均汇交于 O 点,但不在同一平面内,这就是空间汇交力系作用。

2. 空间汇交力系的平衡方程

由空间任意力系的平衡方程,我们可推知空间汇交力系的平衡方程。

如图 2.3 所示,设物体受一空间汇交力系作用,如选择空间汇交力系的汇交点为坐标系 $Oxyz$ 的原点,则不论此力系是否平衡,各力对三轴之矩恒为零,即

$$\left.\begin{aligned}\Sigma M_x(F) &\equiv 0 \\ \Sigma M_y(F) &\equiv 0 \\ \Sigma M_z(F) &\equiv 0\end{aligned}\right\}$$

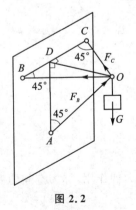

图 2.2　　　　　　　图 2.3

因此,空间汇交力系的平衡方程为

$$
\left.\begin{array}{l}
\Sigma F_x = 0 \\
\Sigma F_y = 0 \\
\Sigma F_z = 0
\end{array}\right\}
\tag{2.2}
$$

2.1.3　空间平行力系

1. 空间平行力系定义

力系中各力的作用线不在同一平面内且互相平行的力系,称为空间平行力系。

图 2.4 所示为三轮推车的受力,各力相互平行,但不在同一平面内,这就是空间平行力系作用。

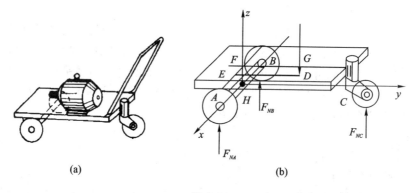

(a)　　　　　　　　(b)

图 2.4

2. 空间平行力系的平衡方程

从空间任意力系的平衡方程,我们可推知空间平行力系的平衡方程。

如图 2.5 所示,设物体受一空间平行力系作用。令 z 轴与这些力平行,则各力对于 z 轴的矩等于零;又由于 x 轴和 y 轴都与这些力垂直,故各力在这两轴上的投影也等于零,即

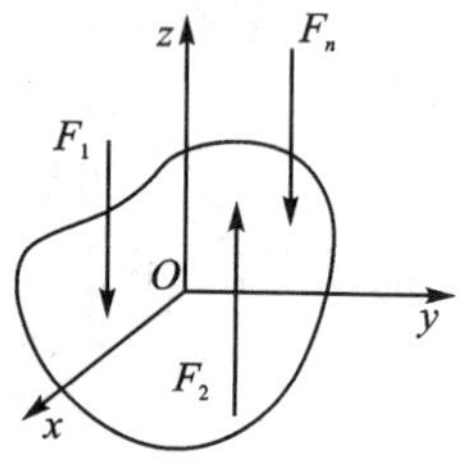

$$
\left.\begin{array}{l}
\Sigma M_z(F) \equiv 0 \\
\Sigma F_x \equiv 0 \\
\Sigma F_y \equiv 0
\end{array}\right\}
$$

图 2.5

三式成为恒等式。因此,空间平行力系的平衡方程为

$$
\left.\begin{array}{l}
\Sigma F_z = 0 \\
\Sigma M_x(F) = 0 \\
\Sigma M_y(F) = 0
\end{array}\right\}
\tag{2.3}
$$

2.1.4　空间力偶系

1. 空间力偶系定义

如图 2.6 所示,力系中无集中力存在,只有空间力偶作用,称为空间力偶系。

2. 空间力偶系的平衡方程

由于力系中无集中力,则 ΣF_x、ΣF_y 及 ΣF_z 恒等于零,即

$$\left.\begin{array}{l} \Sigma F_x \equiv 0 \\ \Sigma F_y \equiv 0 \\ \Sigma F_z \equiv 0 \end{array}\right\}$$

三式成为恒等式。因此,空间力偶系的平衡方程为

$$\left.\begin{array}{l} \Sigma M_x(F) = 0 \\ \Sigma M_y(F) = 0 \\ \Sigma M_z(F) = 0 \end{array}\right\} \qquad (2.4)$$

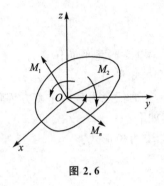

图 2.6

2.1.5　平面任意力系

1. 平面任意力系定义

力系中各力的作用线在同一平面内,既不平行又不汇交于一点的力系,称为平面任意力系。这是平面力系中最基本的形式,其他各种平面力系均可看作它的特殊情形。

图 2.7 所示支架式起吊机的受力和图 2.8 所示曲柄连杆机构的受力都是平面任意力系的工程实例。

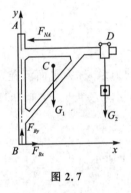

图 2.7

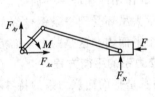

图 2.8

2. 平面任意力系的平衡方程

根据空间任意力系的平衡方程可推知平面任意力系的平衡方程。

设力系的作用平面是 Oxy 平面。如图 2.9 所示,力系中各力在 Oz 轴上的投影都等于零,力系中各力对 Ox 轴和 Oy 轴之矩也都等于零。因此,无论平面任意力系是否平衡,都有 $\Sigma F_z = 0$,$\Sigma M_x(F) = 0$,$\Sigma M_y(F) = 0$。因而对于平面任意力系只剩下了三个有效的平衡方程。

平面任意力系平衡的充分必要条件如下:平面力在坐标轴上的投影的代数和等于零,平面力对任意一点之矩的代数和等于零。

即

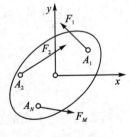

图 2.9

$$\left.\begin{aligned} \Sigma F_x &= 0 \\ \Sigma F_y &= 0 \\ \Sigma M_o(F) &= 0 \end{aligned}\right\} \tag{2.5}$$

式(2.5)是平面任意力系平衡方程的基本形式,这是一组三个独立的方程,故只能求解出三个未知量。

平面任意力系的平衡方程除了式(2.5)所示的基本形式以外,还有二力矩形式和三力矩形式,如下:

二力矩形式:

$$\left.\begin{aligned} \Sigma F_x &= 0 \\ \Sigma M_A(F) &= 0 \\ \Sigma M_B(F) &= 0 \end{aligned}\right\} \tag{2.6}$$

其中 A、B 两点的连线不能与 x 轴垂直。

三力矩形式

$$\left.\begin{aligned} \Sigma M_A(F) &= 0 \\ \Sigma M_B(F) &= 0 \\ \Sigma M_C(F) &= 0 \end{aligned}\right\} \tag{2.7}$$

其中 A、B、C 三点不能共线。

2.1.6　平面汇交力系

1. 平面汇交力系定义

力系中各力的作用线在同一平面内,且汇交于一点的力系,称为平面汇交力系。

图 2.10 所示为吊环受到三条钢丝绳的拉力作用。F_1、F_2 和 F_3 三个力的作用线均通过 O 点,且在同一个平面内。这是一个平面汇交力系。

2. 平面汇交力系的平衡方程

平面汇交力系是平面任意力系的特殊情形,如图 2.11 所示。

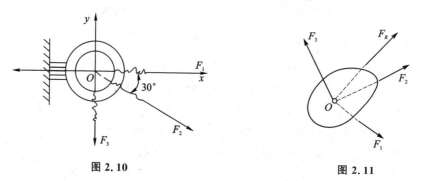

图 2.10　　　　　　　　　　　　　图 2.11

平面汇交力系平衡的充分必要条件是力系的合力为零,即

$$\left.\begin{aligned} \Sigma F_x &= 0 \\ \Sigma F_y &= 0 \end{aligned}\right\} \tag{2.8}$$

2.1.7　平面平行力系

1. 平面平行力系定义

力系中各力的作用线分布在同一平面内且相互平行的力系,称为平面平行力系。图 2.12 所示为起重机的受力,各力相互平行,且在同一平面内,这就是平面平行力系作用。

2. 平面平行力系的平衡方程

平面平行力系是平面任意力系的特殊情形,如图 2.13 所示。

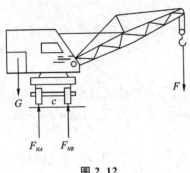

图 2.12

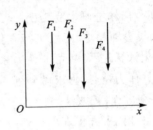

图 2.13

若取 x 轴与各力垂直,则不论该力系是否平衡,总有 $\Sigma F_x = 0$,于是得平面平行力系的平衡方程:

$$\left.\begin{array}{l} \Sigma F_y = 0 \\ \Sigma M_o(F) = 0 \end{array}\right\} \tag{2.9}$$

式中,两个独立的方程可以求解两个未知量。同理,平面平行力系还有二矩式,即

$$\left.\begin{array}{l} \Sigma M_A(F) = 0 \\ \Sigma M_B(F) = 0 \end{array}\right\} \tag{2.10}$$

其中 A、B 两点的连线不能与各力作用线平行。

2.1.8　平面力偶系

1. 平面力偶系定义

力系中无集中力存在,只有平面力偶作用,称为平面力偶系。

如图 2.14 所示,杆件只受平面力偶作用。

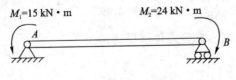

图 2.14

2. 平面力偶系的平衡方程

要使平面力偶系平衡,其合力偶矩必等于零。由此可知,平面力偶系平衡的充分必要条件是力偶系中各分力偶矩的代数和等于零,即

$$\Sigma M = 0 \tag{2.11}$$

2.2　平面力系的平衡方程的应用

2.2.1　平面力系平衡问题的解题方法、步骤和技巧

受到约束的物体在外力的作用下处于平衡,应用力系的平衡方程可以求出未知反力。求解步骤如下:

① 取研究对象,画受力图。

根据问题的已知条件和未知量,选择合适的研究对象;取分离体,分析研究对象的受力情况,正确地在分离体上画出受力图。

② 选取投影轴和矩心,列平衡方程。

为了简化计算,通常尽可能使力系中多数未知力的作用线平行或垂直于投影轴;尽可能把未知力的交点作为矩心,力求做到列一个平衡方程解一个未知数,以避免联立解方程。

③ 解平衡方程,校核结果。

将已知条件代入方程求出未知数。但应注意由平衡方程求出的未知量的正、负号的含义,正号说明求出的力的实际方向与假设方向相同,负号说明求出的力的实际方向与假设方向相反,不要去改动受力图中原假设的方向。必要时可根据已得出的结果,代入列出的任何一个平衡方程,检验其正误。

2.2.2　平面汇交力系的平衡问题

【例 2.1】　如图 2.15(a)所示,圆球重 $G = 100$ N,放在倾角为 $\alpha = 30°$ 的光滑斜面上,并用绳子 AB 系住,绳子 AB 与斜面平行。试求绳子 AB 的拉力和斜面对球的约束力。

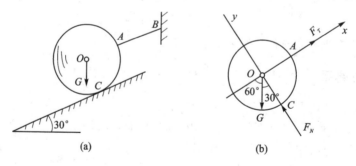

图 2.15

解:① 选圆球为研究对象,取分离体画受力图。

主动力:重力 G。

约束反力:绳子 AB 的拉力 F_T,斜面对球的约束力 F_N。

受力图如图 2.15(b)所示。

② 此为平面汇交力系,建立直角坐标系 Oxy,列平衡方程并求解。

$$\Sigma F_x = 0, \qquad F_T - G\sin 30° = 0$$

$$F_T = 50 \text{ N}$$

$$\Sigma F_y = 0, \qquad F_N - G\cos 30° = 0$$
$$F_N = 86.6 \text{ N}$$

【例 2.2】 图 2.16(a)所示三角支架由杆 AB、BC 组成，A、B、C 处均为光滑铰链，在销钉 B 上悬挂一重物，已知重物的重量 $G = 10$ kN，杆件自重不计。试求杆件 AB、BC 所受的力。

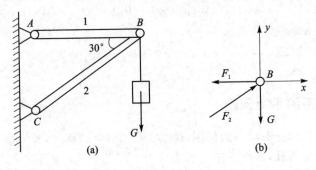

图 2.16

解： ① 取销钉 B 为研究对象，画受力图。

主动力：重力 G；

约束反力：由于杆件 AB、BC 的自重不计，且杆两端均为铰链约束，故 AB、BC 均为二力杆件，杆件两端受力必沿杆件的轴线，根据作用与反作用力关系，两杆的 B 端对于销钉有反作用力 F_1、F_2，受力图如图 2.16(b)所示。

② 此为平面汇交力系，建立直角坐标系 Bxy，列平衡方程并求解。

$$\Sigma F_y = 0, \qquad F_2\sin 30° - G = 0$$
$$F_2 = 20 \text{ kN}$$
$$\Sigma F_x = 0, \qquad F_2\cos 30° - F_1 = 0$$
$$F_1 = 17.32 \text{ kN}$$

根据作用力与反作用力定律，杆件 AB 所受的力为 17.32 kN，且为拉力；BC 所受的力为 20 kN，且为压力。

2.2.3 平面平行力系的平衡问题

【例 2.3】 塔式起重机如图 2.17 所示。机架自重 $W_1 = 500$ kN，其作用线至右轨的距离

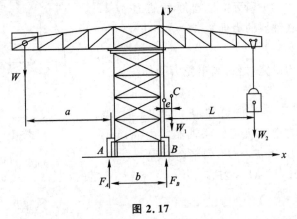

图 2.17

$e=0.5$ m，最大起重量 $W_2=250$ kN，其作用线至右轨的距离 $L=10$ m，轨道 AB 的距离 $b=4$ m，平衡重 W 到左轨的距离 $a=6$ m。若 $W=300$ kN，求轨道 A、B 给两轮的反力。

解： ① 取起重机为研究对象。画出受力图如图 2.17 所示。

② 该力系为平面平行力系，建立坐标系，列平衡方程并求解。

$$\Sigma M_B(F)=0, \qquad W(a+b)-F_A b-W_1 e-W_2 L=0$$

解得 $F_A=62.5$ kN。

$$\Sigma F_y=0, \qquad F_A+F_B-W_2-W_1-W=0$$

解得 $F_B=987.5$ kN。

2.2.4 平面力偶系的平衡问题

【例 2.4】 梁 AB 受一主动力偶作用，受力如图 2.18(a)所示，其力偶矩 $M=100$ N·m，梁长 $l=5$ m，梁的自重不计，求两支座的约束反力。

解： ① 以梁为研究对象，并画出受力图，如图 2.18(b)所示。

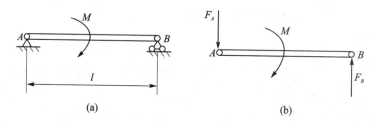

图 2.18

F_A 必须与 F_B 大小相等、方向相反、作用线平行。

② 此为平面力偶系，列平衡方程

$$\Sigma M=0, \qquad F_B l-M=0$$

解得

$$F_A=F_B=\frac{M}{l}=\frac{100 \text{ N·m}}{5 \text{ m}}=20 \text{ N}$$

【例 2.5】 电机轴通过联轴器与传动轴相连接，联轴器上四个螺栓 A、B、C、D 的孔心均匀地分布在同一圆周上，受力图如图 2.19 所示，此圆周的直径 $d=150$ mm，电机轴传给联轴器的力偶矩 $M=2.5$ kN·m，求每个螺栓所受的力。

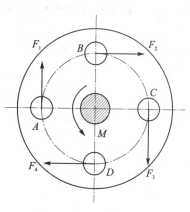

图 2.19

解： ① 以联轴器为研究对象，画出受力图如图 2.19 所示。

② 由平面力偶系平衡条件可知，F_1 与 F_3、F_2 与 F_4 组成两个力偶，并与电动机传给联轴器的力偶矩 M 平衡。其中 $F_1=F_3=F_2=F_4=F$，列平衡方程：

$$\Sigma M=0, \qquad M-2Fd=0$$

解得

$$F = \frac{M}{2d} = \frac{2.5 \text{ kN} \cdot \text{m}}{2 \times 0.15 \text{ m}} = 8.33 \text{ kN}$$

2.2.5　平面任意力系的平衡问题

【例 2.6】　一端固定的悬臂梁 AB 如图 2.20(a)所示。已知：$q = 10$ kN/m，$F = 20$ kN，$M = 10$ kN·m，$l = 2$ m，试求梁支座 A 的约束反力。

解：① 取悬臂梁 AB 为研究对象，画受力图。

主动力：集中力 F，分布载荷 q，力偶 M。

约束反力：A 端受一固定端约束，其约束反力为 F_{Ax}、F_{Ay}、M_A。受力图如图 2.20(b)所示。

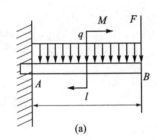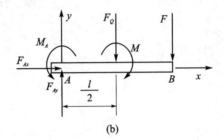

图 2.20

② 此为平面任意力系，建立坐标系 Axy，列平衡方程并求解。

$$\Sigma F_x = 0, \qquad F_{Ax} = 0$$
$$\Sigma F_y = 0, \qquad F_{Ay} - F_Q - F = 0$$

其中：$F_Q = ql = 10$ kN/m $\times 2$ m $= 20$ kN，作用在 AB 段中点位置（方向如图）。

$$F_{Ay} = F_Q + F = 20 \text{ kN} + 20 \text{ kN} = 40 \text{ kN}$$

$$\Sigma M_A(F) = 0, \qquad M_A - F_Q \times \frac{l}{2} - M - F \times l = 0$$

解得

$$M_A = \frac{l}{2} F_Q + M + Fl$$

$$= \frac{2 \text{ m}}{2} \times 20 \text{ kN} + 10 \text{ kN} \cdot \text{m} + 20 \text{ kN} \times 2 \text{ m} = 70 \text{ kN} \cdot \text{m}$$

【例 2.7】　图 2.21(a)所示为简易起吊机的受力简图，已知横梁 AB 的自重 $G_1 = 4$ kN，起吊总重量 $G_2 = 20$ kN，AB 的长度 $l = 2$ m，斜拉杆 CD 的倾角 $\alpha = 30°$，自重不计。当电葫芦距 A 端距离 $a = 1.5$ m 时，处于平衡状态，试求拉杆 CD 的拉力和 A 端固定铰链支座的约束反力。

解：① 以横梁 AB 为研究对象，取分离体画受力图，如图 2.21(b)所示。

② 此为平面任意力系，建立直角坐标系，列平衡方程：

$$\Sigma M_A(F) = 0, \qquad F_{CD} l \sin \alpha - G_1 \frac{l}{2} - G_2 a = 0 \tag{a}$$

$$\Sigma F_x = 0, \qquad F_{Ax} - F_{CD} \cos \alpha = 0 \tag{b}$$

$$\Sigma F_y = 0, \qquad F_{Ay} - G_1 - G_2 + F_{CD} \sin \alpha = 0 \tag{c}$$

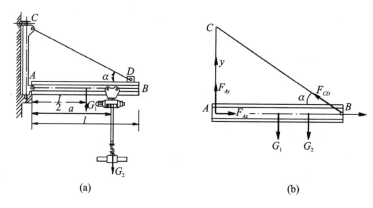

图 2.21

③ 求解未知量。

由式(a)得

$$F_{CD} = \frac{1}{l \sin \alpha}\left(G_1 \frac{l}{2} + G_2 a\right) = 34 \text{ kN}$$

将 F_{CD} 代入式(b),得

$$F_{Ax} = F_{CD} \cos \alpha = 29.44 \text{ kN}$$

将 F_{CD} 代入式(c),得

$$F_{Ay} = G_1 + G_2 - F_{CD} \sin \alpha = 7 \text{ kN}$$

F_{CD}、F_{Ax}、F_{Ay} 均为正值,表示力的实际方向与假设方向相同。若为负值,则表示力的实际方向与假设方向相反。

④ 讨论。

本题若给出对 A、B 两点的力矩方程和对 x 轴的投影方程,则同样可求解,即由

$$\Sigma M_A(F) = 0, \qquad F_{CD} l \sin \alpha - G_1 \frac{l}{2} - G_2 a = 0$$

$$\Sigma M_B(F) = 0, \qquad -F_{Ay} l + G_1 \frac{l}{2} + G_2(l - a) = 0$$

$$\Sigma F_x = 0, \qquad F_{Ax} - F_{CD} \cos \alpha = 0$$

解得 $F_{CD} = 34$ kN,$F_{Ax} = 29.44$ kN,$F_{Ay} = 7$ kN。

若给出对 A、B、C 三点的力矩方程:

$$\Sigma M_A(F) = 0, \qquad F_{CD} l \sin \alpha - G_1 \frac{l}{2} - G_2 a = 0$$

$$\Sigma M_B(F) = 0, \qquad -F_{Ay} l + G_1 \frac{l}{2} + G_2(l - a) = 0$$

$$\Sigma M_C(F) = 0, \qquad F_{Ax} l \tan \alpha - G_1 \frac{l}{2} - G_2 a = 0$$

则也可得出同样的结果。

2.3　物体系统平衡问题的解法

2.3.1　物体系统的平衡

　　工程机械和结构都是由若干个构件通过一定的约束连接组成的系统,称为物体系统,简称为物系。求解物系的平衡问题时,不仅要考虑系统以外的物体对系统的作用力,同时还要分析系统内部各构件之间的作用力。系统外物体对系统的作用力,称为物系外力;系统内部各构件之间的相互作用力,称为物系内力。物系外力和物系内力是相对概念。当研究整个物系平衡时,由于内力总是成对出现、相互抵消,因此可以不予考虑;当研究系统中某一构件或部分构件的平衡时,系统中其他构件对它们的作用力就成为这一构件或这部分构件的外力,必须予以考虑。

2.3.2　静定问题与超静定问题

　　当物系平衡时,组成该系统的每一个物体都处于平衡状态,若取每一个物体为分离体,则作用于其上的力系的独立平衡方程数目是一定的,可求解的未知量的个数也是一定的。当系统中的未知量的数目等于独立平衡方程的数目时,则所有的未知量都能由平衡方程求出,这样的问题称为静定问题。在工程结构中,有时为了提高结构的刚度和可靠性,常常增加多余的约束,使得结构中未知量的数目多于独立平衡方程的数目,仅通过静力学平衡方程不能完全确定这些未知量,这种问题称为超静定问题。系统未知量数目与独立平衡方程数目的差称为超静定次数。

　　应当指出的是,这里说的静定问题与超静定问题,是对整个系统而言的。若从该系统中取出一分离体,它的未知量的数目多于它的独立平衡方程的数目,并不能说明该系统就是超静定问题,而要分析整个系统的未知量数目和独立平衡方程的数目。

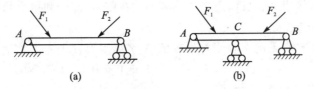

图 2.22

　　图 2.22 所示为单个物体 AB 梁的平衡问题。对 AB 梁来说,所受各力组成平面任意力系,可列三个独立的平衡方程。图 2.22(a)中的梁有三个未知约束反力,等于独立的平衡方程的数目,属于静定问题;图 2.22(b)中的梁有四个约束反力,多于独立的平衡方程数目,属于一次超静定问题。图 2.23 所示为由两个物体 AB、BC 组成的连续梁系统。AB、BC 均可列三个独立的平衡方程,AB、BC 作为一个整体虽然也可列三个平衡方程,但是并非是独立的,因此该系统一共可列 6 个独立的平衡方程。图 2.23(a)、(b)中的系统分别有 6 个和 7 个约束反力(反力偶),于是它们分别是静定问题和一次超静定问题。

　　对于超静定问题,需要考虑物体因受力而产生的变形,加列某些补充方程后才能求解出全部的未知量。

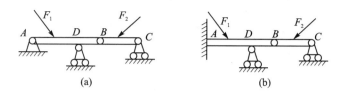

图 2.23

2.3.3 物体系统平衡的解题方法、步骤和技巧

若整个物系处于平衡,那么组成物系的各个构件也处于平衡,因此在求解时,既可以选择整个系统为研究对象,也可以选择单个构件或部分构件为研究对象。对于所选择的每一种研究对象,一般情况下(平面任意力系)可列出三个独立的平衡方程。分别取物系中 n 个构件为研究对象,最多可列 $3n$ 个独立的平衡方程,求解出 $3n$ 个未知量。当所取研究对象中有平面汇交力系(或平行力系、力偶系)时,独立平衡方程的数目将相应地减少。

解决物体系统平衡问题的方法和需要注意的问题如下:

(1) 灵活选取研究对象

由于物系是由多个物体组成的系统,所以选择哪个物体作为研究对象是解决物系平衡问题的关键。

① 如果整个系统外约束力的全部或部分能够不拆开系统而求出,可先取整个系统作为研究对象。

② 然后选择受力情形最简单,有已知力和未知力同时作用的某一部分或几部分为研究对象。

③ 研究对象的选择应尽可能满足一个平衡方程解一个未知量的要求。

(2) 正确进行受力分析

求解物系平衡问题时,一般总要选择部分或单个物体为研究对对象,特别要分清施力体与受力体、内力和外力、作用力和反作用力关系等等。在整体、部分和单个物体受力图中,同一处的约束反力前后所画要一致。

【例 2.8】 由不计自重的三根直杆组成的 A 字形支架置于光滑地面上,如图 2.24(a)所示。杆长 $AC=BC=L=3$ m,$AD=BE=L/5$,支架上有作用力 $F_1=0.8$ kN,$F_2=0.4$ kN,求横杆 DE 的拉力及铰 C 和 A、B 处的反力。

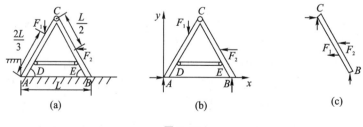

图 2.24

解: ① A 字形支架由三根直杆组成,要求横杆 DE 的拉力和铰 C 的反力,必须分开研究,且 DE 为二力杆,故可分别研究 AC 和 BC 两部分,但这两部分上 A、B、C、D、E 处都有约束

反力,且未知量的数目都多于三个。用各自的平衡方程都不能直接求得未知量。如果选整个系统为研究对象,则可一次求出系统的外约束反力。

② 取整体为研究对象,在其上作用有主动力 F_1 和 F_2,A、B 处均为光滑面约束,而 A 处是两个方向上受到约束,因而约束反力有 F_{Ax}、F_{Ay}、F_B,并选取如图 2.25(b)所示坐标轴,列出平衡方程:

$$\Sigma M_A(F)=0, \qquad F_B L + F_2 \frac{L}{2}\sin 60° - F_1 \frac{2}{3}L\cos 60° = 0$$

解得 $F_B = 0.093$ kN。

$$\Sigma F_y=0, \qquad F_{Ay}+F_B-F_1=0$$

解得 $F_{Ay}=0.707$ kN。

$$\Sigma F_x=0, \qquad F_{Ax}-F_2=0$$

解得 $F_{Ax}=0.4$ kN。

③ 取较简易部分 BC 为研究对象,其受力图如图 2.25(c)所示。这里需要注意的是 C 处反力,在整体研究时为内力,在分开研究 BC 时则变成了外力。列出平衡方程:

$$\Sigma M_C(F)=0, \qquad F_B L \cdot \cos 60° - F_E \frac{4L}{5}\sin 60° - F_2 \frac{L}{2}\sin 60° = 0$$

解得 $F_E=-0.182$ kN。

$$\Sigma F_y=0, \qquad F_B+F_{Cy}=0$$

解得 $F_{Cy}=-0.093$ kN。

$$\Sigma F_x=0, \qquad F_{Cx}-F_2-F_E=0$$

解得 $F_{Cx}=0.218$ kN。

【例 2.9】　由不计自重多跨静定梁由 AC 和 CE 用中间铰 C 连接而成,支承和载荷情况如图 2.25(a)所示。已知:$F=10$ kN,$q=5$ kN/m,$M=10$ kN·m,$l=8$ m。试求支座 A、B、E 及中间铰 C 的约束反力。

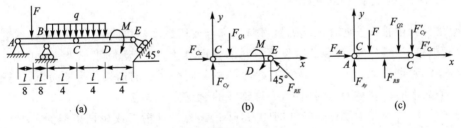

图 2.25

解:对整体进行受力分析,共有 4 个未知力,而独立的平衡方程只有 3 个,这表明以整体为对象不能求得全部约束反力。为此可将整体从中间铰处分开,分成左、右两部分,取研究对象进行分析。

① 取梁 CE 为研究对象,受力图如图 2.25(b)所示。建立坐标系,列平衡方程并求解。其中:$F_{Q1}=q\times\frac{l}{4}=10$ kN,作用在 CD 段的中点,方向向下:

$$\Sigma M_C(F)=0, \qquad -F_{Q1}\times\frac{l}{8}-M+F_{RE}\times\left(\frac{l}{4}+\frac{l}{4}\right)\times\cos 45° = 0$$

解得

$$F_{RE} = \frac{M + F_{Q1} \times \dfrac{l}{8}}{\dfrac{\sqrt{2}\,l}{4}} = 7.07 \text{ kN}$$

$$\Sigma F_x = 0, \qquad F_{Cx} - F_{RE} \sin 45° = 0$$

解得 $F_{Cx} = 5$ kN。

$$\Sigma F_y = 0, \qquad F_{Cy} - F_{Q1} + F_{RE} \cos 45° = 0$$

解得 $F_{Cy} = 5$ kN。

② 取梁 AC 为研究对象,受力图如图 2.25(c)所示。建立坐标系,列平衡方程并求解。其中:$F_{Q2} = q \times \dfrac{l}{4} = 10$ kN,作用在 BC 段的中点,方向向下;$F'_{Cx} = F_{Cx} = 5$ kN,$F'_{Cy} = F_{Cy} = 5$ kN,方向如图 2.25(c)所示。

$$\Sigma F_x = 0, \qquad F_{Ax} - F'_{Cx} = 0$$

解得 $F_{Ax} = 5$ kN。

$$\Sigma M_A(F) = 0,$$

$$-F \times \frac{l}{8} + F_{RB} \times \left(\frac{l}{8} + \frac{l}{8}\right) - F_{Q2} \times \left(\frac{l}{8} + \frac{l}{8} + \frac{l}{8}\right) - F'_{Cy} \times \left(\frac{l}{8} + \frac{l}{8} + \frac{l}{4}\right) = 0$$

解得 $F_{RB} = 30$ kN。

$$\Sigma F_y = 0, \qquad F_{Ay} - F + F_{RB} - F_{Q2} - F'_{Cy} = 0$$

解得 $F_{Ay} = -5$ kN。

2.4　平面桁架的内力计算

2.4.1　理想桁架及其基本假设

桁架是一种由直杆彼此在两端焊接、铆接、榫接或用螺丝连接而成的几何形状不变的稳定结构,具有用料省、结构轻、可以充分发挥材料的作用等优点,广泛应用于工程中房屋的屋架、桥梁、电视塔、起重机、油井架等。所有杆件轴线位于同一平面的桁架称为平面桁架,杆件轴线不在同一平面内的桁架称为空间桁架,各杆轴线的交点称为节点。

研究桁架的目的在于计算各杆件的内力,把它作为设计桁架或校核桁架的依据。为了简化计算,同时使计算结果安全可靠,工程中常对平面桁架做如下基本假设:

① 节点抽象化为光滑铰链连接。

② 所有载荷都作用在桁架平面内,且作用于节点上。

③ 杆件自重不计。当需要考虑杆件自重时,可将其均分等效加于两端节点上。

满足以上三点假设的桁架称为理想桁架。桁架的每根杆件都是二力杆。它们或者受拉,或者受压。在计算桁架各杆受力时,一般假设各杆都受拉,然后根据平衡方程求出它们的代数值,当其值为正时,说明为拉杆,为负则为压杆。

实践证明,基于以上理想模型的计算结果与实际情况相差较小,可以满足工程设计的一般要求。

2.4.2　计算桁架内力的节点法和截面法

1. 节点法

依次取桁架各节点为研究对象,通过其平衡方程,求出杆件内力的方法称为节点法。

节点法的解题步骤一般为:先取桁架整体为研究对象,求出支座反力;再从只连接两根杆的节点入手,求出每根杆的内力;然后依次取其他节点为研究对象(最好只有两个未知力),求出各杆内力。

【例2.10】　一桁架的结构尺寸如图2.26所示。已知 $P_1 = P_5 = 1.15 \text{ kN}$,$P_2 = P_3 = P_4 = 2.3 \text{ kN}$,$Q_1 = Q_2 = Q_3 = 0.5 \text{ kN}$,求各杆内力。

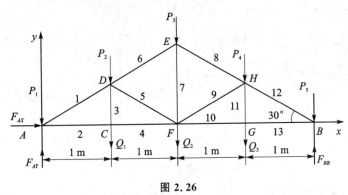

图 2.26

解:首先求支座反力。以桁架整体为研究对象。作用于桁架上的力有 P_1、P_2、P_3、P_4、P_5、Q_1、Q_2、Q_3、F_{Ax}、F_{Ay} 和 F_{RB}。列平衡方程:

$$\Sigma F_x = 0, \qquad F_{Ax} = 0$$
$$\Sigma M_A(F) = 0, \quad F_{RB} \times 4 - P_5 \times 4 - P_4 \times 3 - P_3 \times 2 - P_2 \times 1 - Q_3 \times 3 - Q_2 \times 2 - Q_1 \times 1 = 0$$
$$\Sigma F_y = 0, \qquad F_{RB} + F_{Ay} - P_1 - P_2 - P_3 - P_4 - P_5 - Q_1 - Q_2 - Q_3 = 0$$

解得 $F_{Ax} = 0$,$F_{Ay} = F_{RB} = 5.35 \text{ kN}$。

其次求各杆内力。应设想将杆件截断,取出每个节点作为研究对象。作用在节点上的力有被截断杆件的内力,此外还可能有外载荷和支座反力,它们组成一个平面汇交力系。因此,求桁架内力就是求解平面汇交力系的平衡问题,可逐次按每个节点用两个平衡方程来求解。

解题时,可先假设各杆都受拉力,即指向背离节点。为使计算方便,每次应选择只含两个未知力的节点列出平衡方程,逐次进行求解。

从节点 A 开始。受力图如图2.27(a)所示。列平衡方程:

$$\Sigma F_x = 0, \qquad S_2 + S_1 \cos 30° = 0$$
$$\Sigma F_y = 0, \qquad S_1 \sin 30° + F_{Ay} - P_1 = 0$$

代入 P_1、F_{Ay} 值后,解得

$$S_1 = \frac{-F_{Ay} + P_1}{\sin 30°} = \frac{-5.35 \text{ kN} + 1.15 \text{ kN}}{0.5} = -8.4 \text{ kN}$$

$$S_2 = -S_1 \cos 30° = 8.4 \text{ kN} \times 0.866 = 7.27 \text{ kN}$$

接下来,选节点 C,其受力如图2.27(b)所示。列平衡方程:

$$\Sigma F_x = 0, \qquad S_4 - S_2' = 0$$

$$\Sigma F_y = 0, \qquad S_3 - Q_1 = 0$$

解得 $$S_4 = S_2 = 7.27 \text{ kN}, \qquad S_3 = Q_1 = 0.5 \text{ kN}$$

再选节点 D，其受力如图 2.27(c)所示。列平衡方程：

$$\Sigma F_x = 0, \qquad S_6 \cos 30° + S_5 \cos 30° - S_1' \cos 30° = 0$$
$$\Sigma F_y = 0, \qquad -P_2 - S_3' + S_6 \cos 60° - S_1' \cos 60° - S_5 \cos 60° = 0$$

解得 $$S_6 = -5.6 \text{ kN}, \qquad S_5 = -2.8 \text{ kN}$$

最后选节点 E，其受力如图 2.27(d)所示。列平衡方程：

$$\Sigma F_x = 0, \qquad -S_6' \cos 30° + S_8 \cos 30° = 0$$
$$\Sigma F_y = 0, \qquad -P_3 - S_7 - S_6 - S_6' \cos 60° - S_8 \cos 60° = 0$$

解得 $$S_8 = -5.6 \text{ kN}, \qquad S_7 = 3.3 \text{ kN}$$

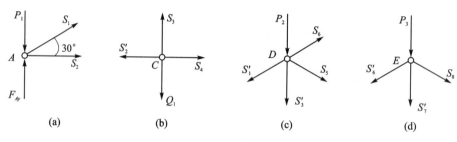

图 2.27

由于此桁架的结构和载荷都是对称的，因此各杆的内力也是对称的，无须再取其余各节点为研究对象，就可以得出桁架右半部各杆的内力：

$$S_{12} = S_1 = -8.4 \text{ kN}, \qquad S_{13} = S_2 = 7.27 \text{ kN}$$
$$S_{11} = S_3 = 0.5 \text{ kN}, \qquad S_{10} = S_4 = 7.27 \text{ kN}$$
$$S_9 = S_5 = -2.8 \text{ kN}, \qquad S_8 = S_6 = -5.6 \text{ kN}$$
$$S_7 = 3.3 \text{ kN}$$

计算结果中，内力 S_2、S_{13}、S_3、S_{11}、S_4、S_{10}、S_7 的值为正，表示这些相应的杆受拉力；内力 S_1、S_{12}、S_5、S_9、S_6 和 S_8 的值为负，表示其方向与假设的方向相反，这些相应的杆受压力。

2. 截面法

截面法是假想地用一截面把桁架切开，分为两部分，取其中任一部分为研究对象，列出其平衡方程求出被切杆件的内力。

当只需求桁架指定杆件的内力，而不需求全部杆件内力时，应用截面法比较方便。由于平面一般力系只有三个独立平衡方程，因此截断杆件的数目一般不要超过 3 根。同时还应注意截面不能截在节点上，否则节点的一部分对另一部分的作用力不好表示。

【例 2.11】 试用截面法求例 2.10 中 4、5、6 三杆的内力。

解：首先求支座反力。这在例 2.10 中已求出，即

$$F_{Ax} = 0, \qquad F_{Ay} = F_{RB} = 5.35 \text{ kN}$$

其次求 4、5、6 三杆的内力。为求这三杆的内力，可用一截面 m—n 将三杆截断，分桁架为左、右两部分。现选左半部(或选右半部)为研究对象，并假设所截断的三杆都受拉力，则其受力图如图 2.28 所示。

列平衡方程：

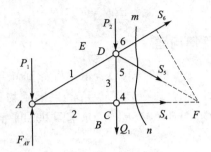

图 2.28

$$\Sigma M_D(F)=0, \qquad S_4\times1\times\tan30°+P_1\times1-F_{Ay}\times1=0$$
$$\Sigma M_F(F)=0, \qquad P_2\times1+P_1\times2+Q_1\times1-F_{Ay}\times2-S_6\times2\sin30°=0$$
$$\Sigma F_x=0, \qquad S_4+S_5\cos30°+S_6\cos30°=0$$

解得

$$S_4=7.27\text{ kN}, \qquad S_6=-5.6\text{ kN}, \qquad S_5=-2.8\text{ kN}$$

由计算结果知，S_4 为正值，故为拉力；S_6、S_5 为负值，故为压力。

2.5　空间力系的平衡方程的应用

2.5.1　空间汇交力系的平衡问题

【例 2.12】　简易起重机示意图如图 2.29(a) 所示，其中重物 $G=1\,000$ N，各杆重不计。试求三根杆 AO、BO、CO 所受的力。

解：① 各杆均为二力杆，取球铰 O，画受力图如图 2.29(b) 所示。

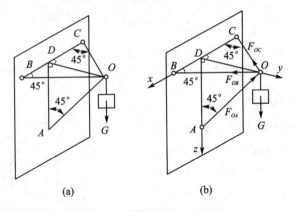

(a)　　　　　　　(b)

图 2.29

② 此为空间汇交力系，建立坐标系 $Oxyz$，列平衡方程并求解。

$$\Sigma F_x=0, \qquad F_{OB}\sin45°-F_{OC}\sin45°=0$$
$$\Sigma F_y=0, \qquad -F_{OB}\cos45°-F_{OC}\sin45°+F_{OA}\cos45°=0$$
$$\Sigma F_z=0, \qquad G-F_{OA}\sin45°=0$$

解得

$$F_{OA}=1\,414\text{ N}$$

$$F_{OB} = F_{OC} = 707 \text{ N}$$

2.5.2 空间平行力系的平衡问题

【例2.13】 小型起重机简图如图2.30(a)所示。机身重 $W=100$ kN,作用在 G 点, G 点在平面 $LMNF$ 内,到机身轴线 MN 的距离 $GH=0.5$ m,重物重 $W_1=30$ kN。已知 $AD=DB=1$ m, $CD=1.5$ m,且 $CD \perp AB$, $CM=1$ m,求起重机的平面 LMN 平行于 AB 时,地面对车轮的反力。

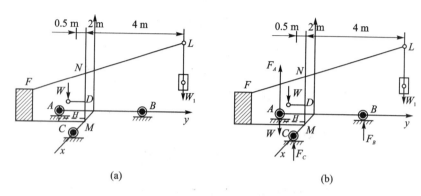

图 2.30

解: ① 取起重机为研究对象,受力如图2.30(b)所示。
② 此力系组成空间平行力系。选取坐标轴如图2.30(b)所示,列出平衡方程求解:

$$\Sigma F_z = 0, \qquad F_A + F_B + F_C - W_1 - W = 0 \qquad (a)$$

$$\Sigma M_x(F) = 0, \qquad -F_A + F_B + 0.5W - 4W_1 = 0 \qquad (b)$$

$$\Sigma M_y(F) = 0, \qquad -1.5F_C + 0.5W + 0.5W_1 = 0 \qquad (c)$$

由式(c)解得

$$F_C = 43.3 \text{ kN}$$

代入式(a)、(b)得

$$F_A = 8.33 \text{ kN}, \qquad F_B = 78.33 \text{ kN}$$

2.5.3 空间任意力系的平衡问题

【例2.14】 某车床主轴如图2.31所示, A 为向心止推轴承(即不允许轴沿 x、y、z 方向移动)。B 为向心轴承(即不允许轴沿 x、z 方向移动)。传动齿轮 C 的节圆半径 $Rc=100$ mm,因轮啮合力 F 的压力角 $a=20°$。在主轴右端卡盘夹紧一圆棒料,棒料车削后的半径 $R_D=50$ mm,车刀在图2.31所示位置时,$L_1=50$ mm,$L_2=200$ mm,$L_3=100$ mm,车刀的切

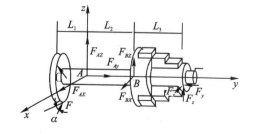

图 2.31

削力 $F_z=1\,500$ N,轴向力 $F_y=350$ N,径向力 $F_x=460$ N。求齿轮 C 所受的啮合力 F 及轴承 A 与 B 处的约束反力。

解: ① 取主轴、齿轮 C 和棒料一起为研究对象,画出其受力图如图 2.31 所示。它所受的主动力有 F、F_x、F_y、F_z,它所受的约束反力有 F_{Ax}、F_{Ay}、F_{Az}、F_{Bx}、F_{Az}。

② 此为一空间任意力系。选取坐标轴(如图 2.31 所示),列平衡方程求解:

$$\Sigma F_x = 0, \qquad F_{Ax} + F_{Bx} - F_x - F\cos\alpha = 0$$
$$\Sigma F_y = 0, \qquad F_{Ay} - F_y = 0$$
$$\Sigma F_z = 0, \qquad F_{Az} + F_{Bz} + F_z + F\sin\alpha = 0$$
$$\Sigma M_x(F) = 0, \qquad F_{Bz}L_2 + F_z(L_2 + L_3) - FL_1\sin\alpha = 0$$
$$\Sigma M_y(F) = 0, \qquad FR_C\cos\alpha - F_zR_D = 0$$
$$\Sigma M_z(F) = 0, \qquad -F_{Bx}L_2 + F_x(L_2 + L_3) - F_yR_D - FL_1\cos\alpha = 0$$

解得

$$F = 798 \text{ N}, \qquad F_{Ax} = 795 \text{ N}, \qquad F_{Ay} = 350 \text{ N},$$
$$F_{Az} = 409 \text{ N}, \qquad F_{Bx} = 415 \text{ N}, \qquad F_{Bz} = -2\,180 \text{ N}$$

【例 2.15】　如图 2.32(a)所示,曲杆 $ABCD$ 有两个直角,即 $\angle ABC = \angle BCD = 90°$,且平面 ABC 与平面 BCD 垂直,A 端固定在墙上。曲杆上 B、C、D 三点沿坐标轴方向作用三个力和 F_1、F_2 和 F_3;在 AB、BC 和 CD 上作用三个力偶,力偶作用面分别垂直三轴。已知 $F_1 = F_2 = F_3 = F$,$M_1 = M_2 = M_3 = M$,$AB = l_1$,$BC = l_2$,$CD = l_3$,求 A 端的约束反力。

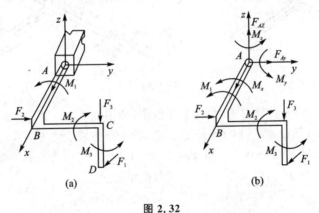

图 2.32

解: ① 选取曲杆为研究对象,画出受力图如图 2.32(b)所示。

② A 为固定端,在空间的各个方向都不能移动,也不能转动,因而共有 6 个未知量,该力系为空间任意力系。列出平衡方程:

$$\Sigma F_x = 0, \qquad F_{Ax} + F_1 = 0$$

解得

$$F_{Ax} = -F$$
$$\Sigma F_y = 0, \qquad F_{Ay} + F_2 = 0$$

解得

$$F_{Ay} = -F$$
$$\Sigma F_z = 0, \qquad F_{Az} + F_3 = 0$$

解得

$$F_{Az} = F$$

$$\Sigma M_x(F)=0, \qquad M_x+M_1-F_3L_2=0$$

解得

$$M_x=FL_2-M$$
$$\Sigma M_y(F)=0, \qquad M_y-M_2-F_1L_3+F_3L_1=0$$

解得

$$M_y=F(L_3-L_1)+M$$
$$\Sigma M_z(F)=0, \qquad M_z-M_3-F_1L_2+F_2L_1=0$$

解得

$$M_z=F(L_2-L_1)-M$$

【例 2.16】 图 2.33(a)所示为一脚踏拉杆装置，若已知 $F_p=500$ N，$AB=40$ cm。$AC=CD=20$ cm，$HC=EH=10$ cm，拉杆与水平面成 30°角。求拉杆的拉力 F 和 A、B 两轴承的约束反力。

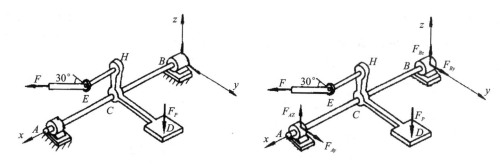

图 2.33

解： ① 取脚踏拉杆为研究对象，画受力分析图，如图 2.33(b)所示。

② 该力系为空间任意力系，取 $Bxyz$ 坐标系，列平衡方程：

$$\Sigma M_x(F)=0, \qquad F\cos 30° \times 10\ \text{cm} - F_p \times 20\ \text{cm} = 0$$

$$F=\frac{F_p \times 20\ \text{cm}}{10\ \text{cm} \times \cos 30°}=\frac{500\ \text{N} \times 20\ \text{cm}}{10\ \text{cm} \times 0.866}=1\ 155\ \text{N}$$

$$\Sigma M_y(F)=0, \qquad F_p \times 20\ \text{cm} + F\sin 30° \times 30\ \text{cm} - F_{Az} \times 40\ \text{cm} = 0$$

$$F_{Az}=\frac{F_p \times 20\ \text{cm} + F\sin 30° \times 30\ \text{cm}}{40\ \text{cm}}=683\ \text{N}$$

$$\Sigma F_z=0, \qquad F_{Az}+F_{Bz}-F\sin 30°-F_p=0$$

$$F_{Bz}=F\sin 30°+F_p-F_{Az}=394.5\ \text{N}$$

$$\Sigma M_z(F)=0, \qquad F_{Ay} \times 40\ \text{cm} - F\cos 30° \times 30\ \text{cm} = 0$$

$$F_{Ay}=\frac{F\cos 30° \times 30}{40}=\frac{1\ 155\ \text{N} \times 0.866 \times 30\ \text{cm}}{40\ \text{cm}}=750\ \text{N}$$

$$\Sigma F_y=0, \qquad F_{Ay}+F_{By}-F\cos 30°=0$$

解得

$$F_{By}=F\cos 30°-F_{Ay}=1\ 155\ \text{N} \times 0.866-750\ \text{N}=250\ \text{N}$$

2.6　重心与形心

2.6.1　重心的概念

在日常生活中和工程实际中,我们都会经常遇到重心问题。例如:当用手推车推重物时,只有将重物放在一定位置,也就是使重物的重心正好与车轮轴线在同一铅垂面内时,才能比较省力;骑自行车时,必须不断地调整重心的位置,才不致翻倒;机床中的一些高速旋转的构件,如重心的位置偏离轴线,就会使机床产生强烈的振动,甚至引起破坏。因此,我们需要了解什么是重心以及怎样确定重心的位置。

物体的重力就是地球对物体的引力。若把物体想象分割成无数微小部分,则物体上的每个微小部分都受到地球引力的作用。严格地说,这些引力组成的力系是一个空间汇交力系(交于地球的中心)。由于物体的尺寸与地球的半径相比小得多,因此可以近似地认为这个力系是空间平行力系,此平行力系的合力 G 称为物体的重力。通过实验可知,无论物体怎样放置这些平行力的合力总是通过物体内的一个确定点,这个点就是物体的重心。

2.6.2　物体重心位置的求法

1. 简单几何形状物体的重心的求法

均质简单几何形状物体的重心一般可通过积分求得。工程上常见形状的重心位置均可通过工程手册查出。

2. 组合形体的重心的求法

如果物体的形状比较复杂,可用组合法求其重心。组合法即将复杂形状物体分割成几个形状简单的物体,每个简单形状物体的重心是已知的,可由重心坐标公式(2.12)求出整个物体的重心。

$$\left.\begin{aligned} x_c &= \frac{\Sigma x_i \Delta G_i}{G} = \frac{\int_G x\,dG}{G} \\ y_c &= \frac{\Sigma y_i \Delta G_i}{G} = \frac{\int_G y\,dG}{G} \\ z_c &= \frac{\Sigma z_i \Delta G_i}{G} = \frac{\int_G z\,dG}{G} \end{aligned}\right\} \tag{2.12}$$

其中, x_i 、 y_i 、 z_i 是重量 ΔG_i 的重心坐标。

3. 实验方法测重心位置

对于形状更为复杂而不便于用公式计算或不均质物体的重心位置时,常用实验方法测定。另外,虽然设计时已计算出重心,但加工制造后还需用实验法检验。常用的实验方法有以下两种。

(1)悬挂法

对于平板形物体或具有对称面的薄零件,可将该物体先悬挂在任一点 A ,如图 2.34(a)所示,根据二力平衡条件,重心必在过悬挂点的铅直线上,于是可在板上画出此线;然后再将板悬挂于另一点 B,同样可画出另一直线,两直线相交于点 C,这就是重心,如图 2.34(b)所示。

（2）称重法

对于体积庞大或者形状复杂的零件以及由许多构件组成的机械,常用称重法测量其重心位置。

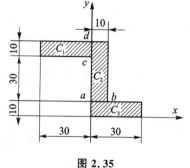

图 2.34

2.6.3 形 心

对于均质物体,若用 ρ 表示其密度,ΔV 表示微体积,则 $\Delta G = \rho \Delta V g$,$G = \rho V g$,代入式(2.12)可得

$$
\left.
\begin{aligned}
x_c &= \frac{\Sigma x_i \Delta V_i}{V} = \frac{\int_v x \, \mathrm{d}V}{V} \\[2mm]
y_c &= \frac{\Sigma y_i \Delta V_i}{V} = \frac{\int_v y \, \mathrm{d}V}{V} \\[2mm]
z_c &= \frac{\Sigma z_i \Delta V_i}{V} = \frac{\int_v z \, \mathrm{d}V}{V}
\end{aligned}
\right\}
\tag{2.13}
$$

由式(2.13)可知,均质物体的重心与其重量无关,只取决于物体的几何形状。因此,均质物体的重心就是其几何中心,也称为形心。

对于均质薄平板,若 δ 表示其厚度,ΔA 表示微体面积,厚度取在 z 轴方向,将 $\Delta V = \Delta A \delta$ 代入式(2.13),可得其形心坐标公式:

$$
\left.
\begin{aligned}
x_c &= \frac{\Sigma x_i \Delta A_i}{A} = \frac{\int_A x \, \mathrm{d}A}{A} \\[2mm]
y_c &= \frac{\Sigma y_i \Delta A_i}{A} = \frac{\int_A y \, \mathrm{d}A}{A}
\end{aligned}
\right\}
\tag{2.14}
$$

当图形中缺少一块面积时,则该面积应取负值,即负面积法。

【例 2.17】 均质等厚 Z 字形薄板尺寸如图 2.35 所示,求其重心坐标。

解：厚度方向重心坐标已确定,只求重心的 x、y 坐标即可。用虚线分割为三个小矩形(见图 2.35),其面积与坐标分别为

$x_1 = -15 \text{ mm}$, $\quad y_1 = 45 \text{ mm}$, $\quad A_1 = 300 \text{ mm}^2$

$x_2 = 5 \text{ mm}$, $\quad\quad y_2 = 30 \text{ mm}$, $\quad A_2 = 400 \text{ mm}^2$

$x_3 = 15 \text{ mm}$, $\quad\quad y_3 = 5 \text{ mm}$, $\quad\, A_3 = 300 \text{ mm}^2$

则

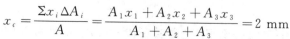

图 2.35

$$
x_c = \frac{\Sigma x_i \Delta A_i}{A} = \frac{A_1 x_1 + A_2 x_2 + A_3 x_3}{A_1 + A_2 + A_3} = 2 \text{ mm}
$$

$$y_c = \frac{\Sigma y_i \Delta A_i}{A} = \frac{A_1 y_1 + A_2 y_2 + A_3 y_3}{A_1 + A_2 + A_3} = 27 \text{ mm}$$

2.7　摩　擦

2.7.1　摩擦的概念

当两个相互接触的物体产生相对运动或具有相对运动趋势时,彼此在接触部位会产生一种阻碍对方运动的作用,这种现象称为摩擦。这种阻碍作用称为摩擦阻力。

摩擦是一种普遍存在于机械运动中的自然现象,人行走、车行驶、机械运转等无一不存在摩擦。在前面研究物体平衡问题时,总是假定物体的接触面是完全光滑的,将摩擦忽略不计。实际上完全光滑的接触面并不存在。在许多工程问题中,摩擦对构件的平衡和运动起着主要作用,因此必须考虑。例如,制动器靠摩擦制动、带轮靠摩擦传递动力、车床卡盘靠摩擦夹固工件等都是利用了摩擦力的作用。摩擦也有其有害的一面,它会带来阻力、消耗能量、加剧磨损、缩短机器寿命等。因此研究摩擦是为了掌握摩擦的一般规律,利用其有利的一面而限制或消除其有害的一面。

摩擦按照物体表面相对运动情况,可分为滑动摩擦和滚动摩擦两类。滑动摩擦是两物体接触面作相对滑动或具有相对滑动趋势时的摩擦,所以滑动摩擦又分为动滑动摩擦和静滑动摩擦两种情况。滚动摩擦是一个物体在另一个物体上滚动时的摩擦,例如轮子在轨道上滚动。在这里主要讨论滑动摩擦中的静滑动摩擦。

2.7.2　滑动摩擦

1. 静滑动摩擦

静滑动摩擦是两物体之间具有相对滑动趋势时的摩擦。为了分析物体接触面间产生静滑动摩擦的规律,可进行图 2.36 所示的实验:物体重为 W,放在水平面上,并由绳系着,绳绕过滑轮,下挂砝码。显然,绳对物体的拉力 F_T 的大小等于砝码重量。从实验中可以看到,当用一个较小的砝码去拉物体时,物体将保持平衡。由平衡方程知,接触面间的摩擦力 F_f 与主动力 F_T 大小相等。

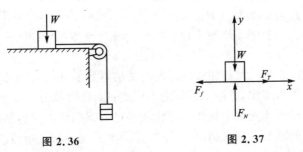

图 2.36　　　　　　　　　　图 2.37

若砝码重量逐渐增大,则 F_T 也逐渐增大,F_f 也随之增加。当 F_f 随 F_T 增加到某一临界最大值 $F_{f,\max}$ 时,称为临界摩擦力,就不会再增加;若继续增加 F_T,则物体将开始滑动。因此,静摩擦力有介于零到临界最大值之间的取值范围,即 $0 < F_f < F_{f,\max}$。

静滑动摩擦定律:大量实验表明,临界摩擦力的大小与物体接触面间的正压力成正比,即

$$F_{f,\max} = \mu_s F_N \tag{2.15}$$

式中,F_N 为接触面间的正压力;μ_s 为静滑动摩擦因数,简称静摩擦因数,μ_s 的大小与两物体接触面间的材料及表面情况(表面粗糙度、干湿度、温度等)有关。常用材料的静摩擦因数 μ_s 可从一般工程手册中查得,如表 2.1 所列。

表 2.1 材料的摩擦系数

材料名称	摩擦因数			
	静摩擦因数 μ_s		动摩擦因数 μ_s	
	无润滑剂	有润滑剂	无润滑剂	有润滑剂
钢—钢	0.15	0~10.12	0.15	0.05~0.10
钢—铸铁	0.3		0.18	0.05~0.15
钢—青铜	0.15	0.1~0.15	0.15	0.1~0.15
钢—橡胶	0.9		0.6~0.8	
铸铁—铸铁		0.18	0.15	0.07~0.12
铸铁—青铜			0.15~0.2	0.07~0.15
铸铁—皮革	0.3~0.5	0.15	0.6	0.15
铸铁—橡胶			0.8	0.5
青铜—青铜		0.10	0.2	0.07~0.10
木—木	0.4~0.6	0.10	0.2~0.5	0.07~0.15

注:此表摘自《机械设计手册》。

摩擦定律指出了利用和减小摩擦的途径,即可从影响摩擦力的摩擦因数与正压力入手。例如:一般车辆以后轮为驱动轮,故设计时应使重心靠近后轮,增加后轮的正压力。车胎外表面的各种纹路,是为了增加摩擦因数,提高车轮与路面的附着能力。如带传动中,用张紧轮或 V 形带增加正压力以增加摩擦力;通过减小接触表面粗糙度、加入润滑剂来减小摩擦因数以减小摩擦力等,都是合理利用静滑动摩擦的工程实例。

2. 动滑动摩擦

由前面分析可知,当主动力 F_T 超过 $F_{f,\max}$ 时,物体开始加速滑动。此时物体受到的摩擦阻力已由静摩擦力转化为动摩擦力 F'。

通过实验也可得出与静滑动摩擦定律相似的动滑动摩擦定律,即

$$F' = \mu' F_N \tag{2.16}$$

式中,μ' 为动摩擦因数,它是与材料和表面情况有关的常数。一般 μ' 值小于 μ_s 值。

动摩擦力与静摩擦力相比,有两个显著的不同点:① 动摩擦力一般小于临界静摩擦力,说明维持一个物体的运动要比使一个物体由静止状态进入运动状态要容易些;② 静摩擦力的大小要由与主动力有关的平衡方程来确定,而动摩擦力的大小则与主动力的大小无关,只要相对运动存在,它就是一个常数。

2.7.3 摩擦角和自锁

考虑静摩擦研究物体的平衡时,物体接触面就受到正压力 F_N 和静摩擦力 F_f 的共同反作

用。若将此两力合成,则其合力 F_R 就代表了物体接触面对物体的全部约束反作用,故 F_R 称为全约束反力,简称为全反力。

全反力 F_R 与接触面法线的夹角为 φ,如图 2.38 所示。显然,全反力 F_R 与法线的夹角 φ 随静摩擦力的增加而增大,当静摩擦力达到最大值时,夹角 φ 也达到最大值 φ_m,φ_m 称为摩擦角。由此可知

$$\tan \varphi_m = \frac{F_{f,\max}}{F_N} = \frac{\mu_s F_N}{F_N} = \mu_s \tag{2.17}$$

即,摩擦角的正切值就等于摩擦因数。

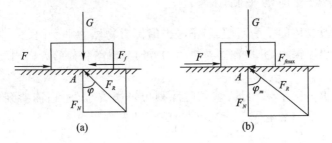

图 2.38

摩擦角表示全反力与法线间的最大夹角。若物体与支撑面的静摩擦因数在各个方面都相同,则这个范围在空间就形成一个锥体,称为摩擦锥。若主动力的合力 F_Q 作用在锥体范围内,则约束面必产生一个与之等值、反向且共线的全反力 F_R 与之平衡。无论怎样增加力 F_R,物体总能保持平衡。全反力作用线不会超出摩擦锥的现象称为自锁。

由上述可见,自锁的条件应为

$$\alpha \leqslant \varphi_m \tag{2.18}$$

自锁条件常用来设计某些结构和夹具,例如砖块相对于砖夹不相对下滑、脚套钩在电线杆上不自行下滑等都是自锁现象。而在另外一些情况下,则要设法避免自锁现象的发生。例如,变速器中滑移齿轮的拨动就不允许发生自锁,否则变速器就无法正常工作。

2.7.4 滚动摩擦简介

由经验可知,当搬动重物时,在重物底下垫上轴辊比直接放在地面上推动要省力得多。这说明用滚动代替滑动所受到的阻力要小得多。车辆用车轮、机器中用滚动轴承代替滑动,就是这个道理。

滚动比滑动省力的原因,可以用如图 2.39 所示车轮在地面上的滚动来分析。将一重为 W 的车轮放在地面上,沿水平方向在轮心施加一微小力 F,此时在轮与地面接触处就会产生一摩擦阻力 F_f,以阻止车轮的滑动趋势。

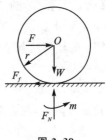

图 2.39

由图 2.39 可见,主动力 F 与静滑动摩擦力 F_f 组成一个力偶,其力偶矩为 Fr,它将驱使车轮产生滚动趋势。若 F 力不大,转动趋势存在,则转动并不发生。这说明还存在一阻碍转动的力偶矩,称为滚动摩擦力偶矩,简称为滚阻力偶矩。

实验表明:最大滚阻力偶矩与法向反力成正比,即

$$M_{\mu,\max} = \delta F_N \tag{2.19}$$

式(2.19)称为滚动摩擦定律。式中,δ 是一个有长度单位的系数,称为滚动摩擦因数,其数值取决于两接触物表面材料的性质及表面状况。

2.8 考虑摩擦时物体的平衡

2.8.1 考虑摩擦时物体的平衡问题

求解考虑摩擦时物体的平衡问题,与不考虑摩擦时物体的平衡问题大体相同。不同的是在画受力图时要画出摩擦力,并要注意摩擦力的方向与滑动趋势的方向相反,不能随意假定摩擦力的方向。

由于静摩擦力也是一个未知量,求解时除列出平衡方程外,还需要列出补充方程 $F_f \leqslant \mu_s F_N$,所得结果必然是一个范围值。在临界状态,补充方程 $F_f = F_{f,\max} = \mu_s F_N$,故所得结果也将是平衡范围的极限值。

2.8.2 解题方法、步骤和技巧

根据以上分析,摩擦平衡问题具有以下特点:

➤ 在静止状态和运动的临界状态,作用在物体上的所有力(包括主动力、约束力和摩擦力)必须满足平衡条件。
➤ 滑动摩擦力除满足平衡条件外,还需要满足物理条件 $F_f \leqslant F_{f,\max} = \mu F_N$,其方向与滑动趋势方向相反。
➤ 除临界状态外,由于静止状态下的物理条件 $F_f < \mu F_N$ 是一个不等式,因此所求得平衡问题的解答为在一定范围内的值。

由于上述特点,求解摩擦平衡问题时,除了与一般平衡问题一样,需要根据约束性质分析约束力,选择合适的研究对象,画分离体的受力图外,还要考虑以下情况:

➤ 在分离体上要加上摩擦力,并注意其方向总是与运动趋势方向相反。
➤ 建立平衡方程时,必须考虑摩擦力。
➤ 除平衡方程外,还需分清静止状态与临界状态,建立物理方程 $F_f < \mu F_N$ 或 $F_{f,\max} = \mu F_N$,将平衡方程与物理方程联立求解。

【例 2.18】 如图 2.40(a)所示,物块重 W,放在倾角为 α 的斜面上,物块与斜面间的摩擦因数为 μ_s。求物块在斜面上平衡时水平推力 F_1 的大小。

解:根据经验判断,物块在力 F_1 的作用下,有两种滑动的趋势,当力 F_1 较小时物块有向下滑动的趋势,当力 F_1 较大时有向上滑动的趋势。因此分别考虑两种临界平衡状态的情形。

① 求物块不下滑时力 F_1 的最小值。由于物块处于临界状态,有向下滑动的趋势,故摩擦力达到最大值,方向应沿斜面向上。物块受力如图 2.40(b)所示。列平衡方程为

$$\Sigma F_x = 0, \qquad F_1 \cos\alpha + F_{\max} - W\sin\alpha = 0 \tag{a}$$

$$\Sigma F_y = 0, \qquad -F_1 \sin\alpha + F_N - W\cos\alpha = 0 \tag{b}$$

② 由摩擦定律知

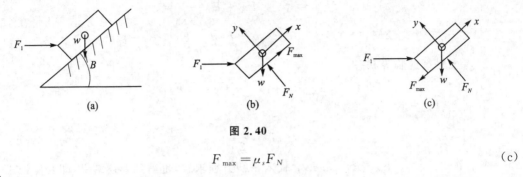

图 2.40

$$F_{max} = \mu_s F_N \qquad\qquad (c)$$

解得

$$F_1 = \frac{\sin\alpha - \mu_s\cos\alpha}{\cos\alpha + \mu_s\sin\alpha}W$$

③ 使不向上滑时力 F_1 的最大值。由于物块处于临界平衡状态,有向上滑动的趋势,所以摩擦力达到最大值,方向应沿斜面向下。物块受力如图 2.40(c)所示。列平衡方程:

$$\Sigma F_x = 0, \qquad F_1\cos\alpha - F_{max} - W\sin\alpha = 0$$
$$\Sigma F_y = 0, \qquad -F_1\sin\alpha + F_N - W\cos\alpha = 0$$

④ 且由摩擦定律 $\qquad\qquad F_{max} = \mu_s F_N$

可解得

$$F_1 = \frac{\sin\alpha + \mu_s\cos\alpha}{\cos\alpha - \mu_s\sin\alpha}W$$

⑤ 由此可知,要维持物块平衡时,力 F_1 的值应满足的条件如下:

$$\frac{\sin\alpha - \mu_s\cos\alpha}{\cos\alpha + \mu_s\sin\alpha}W \leqslant F_1 \leqslant \frac{\sin\alpha + \mu_s\cos\alpha}{\cos\alpha - \mu_s\sin\alpha}W$$

【例 2.19】　如图 2.41 所示,用脚套钩攀登电线杆,已知电线杆直径为 d,AB 间的垂直距离为 b,套钩与电线杆间的静摩擦因数为 μ。求脚踏力 F 到电线杆轴线间的距离 L 为多少才能保证工人安全操作?

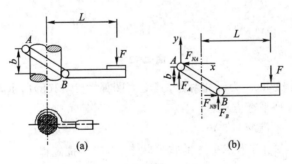

图 2.41

解:由经验可知,当距离 L 较大时工人能安全操作,当距离 L 较小时脚套钩会沿电线杆向下滑动,因此要保证安全,距离应在某一平衡范围之内脚套钩才能平衡。

① 取脚套钩为研究对象。其受力如图 2.41(b)所示,由于脚套钩有向下滑动的趋势,故摩擦力方向向上。列平衡方程:

$$\Sigma F_x = 0, \qquad F_{NB} - F_{NA} = 0$$

$$\Sigma F_y = 0, \qquad F_A + F_B - F = 0$$

$$\Sigma M_A(F) = 0, \qquad F_{NB}b + F_B d - F\left(L + \frac{d}{2}\right) = 0$$

② 考虑平衡的临界状态:

$$F_A = \mu_s F_{NA}, \qquad F_B = \mu_s F_{NB}$$

③ 联立以上方程可得

$$L = \frac{b}{2\mu_s}$$

将不等式 $F_A \leqslant \mu_s F_{NA}$、$F_B \leqslant \mu_s F_{NB}$ 代入平衡方程求解,也得到上述结果,即要保证工人安全操作,必须使 $L = \dfrac{b}{2\mu_s}$。

【例 2.20】 制动器的构造如图 2.42(a)所示,已知重物重 $W = 500$ N,制动轮与制动块间的摩擦因数 $\mu_s = 0.6$。$R = 250$ mm,$r = 150$ mm,$a = 1\ 000$ mm,$b = 300$ mm,$h = 100$ mm,求制动鼓轮转动所需的力 F。

解:① 先取鼓轮为研究对象。鼓轮在重物 W 的作用下有逆时针转动的趋势,由此可判定闸块与鼓轮之间的摩擦力 F_s 向右。其他力如图 2.42(b)所示,为平面一般力系,故只列出平衡方程:

$$\Sigma M_0(F) = 0, \qquad Wr - F_s R = 0$$

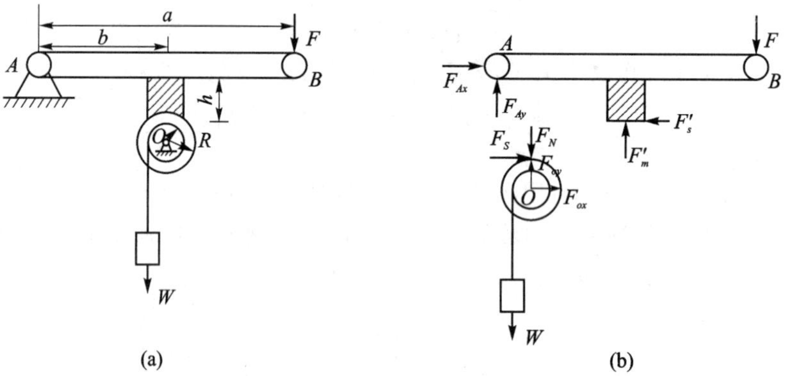

图 2.42

② 取杆 AB(包括制动块)为研究对象,其受力图如图 2.42(b)所示,为平面一般力系。由于不求 A 处反力,故只列平衡方程:

$$\Sigma M_A(F) = 0, \qquad F_N' b - F_s' h - Fa = 0$$

③ $F_N' = F_N$,$F_s' = F_s$,并考虑平衡的临界状态,由静摩擦定律有

$$F_s = F_{max} = \mu_s F_N$$

解得 $F = 120$ N。

这是制动鼓轮转动所需的力 F 的最小值。

本章小结

1. 各类力系的平衡方程,详见表 2.2。

在求解力系平衡问题时,先确定研究对象,选取坐标轴并进行受力分析,再列出平衡方求解。

表 2.2　各类力系的平衡方程

力系类型			平衡方程						独立方程数
空间	任意力系		$\Sigma F_x=0$	$\Sigma F_y=0$	$\Sigma F_z=0$	$\Sigma M_x=0$	$\Sigma M_y=0$	$\Sigma M_z=0$	6
	汇交力系		$\Sigma F_x=0$	$\Sigma F_y=0$	$\Sigma F_z=0$				3
	平行力系				$\Sigma F_z=0$	$\Sigma M_x=0$	$\Sigma M_y=0$		3
	力偶系					$\Sigma M_x=0$	$\Sigma M_y=0$	$\Sigma M_z=0$	3
平面	任意力系	基本式	$\Sigma F_x=0$	$\Sigma F_y=0$		$\Sigma M_o=0$			3
		二矩式	$\Sigma F_x=0$			$\Sigma M_A=0$	$\Sigma M_B=0$		3
		三矩式				$\Sigma M_A=0$	$\Sigma M_B=0$	$\Sigma M_C=0$	3
	汇交力系		$\Sigma F_x=0$	$\Sigma F_y=0$					2
	平行力系	基本式		$\Sigma F_y=0$		$\Sigma M_x=0$			2
		二矩式				$\Sigma M_A=0$	$\Sigma M_B=0$		2
	力偶系			$\Sigma M=0$					1

2. 桁架杆件内力的计算,通常采用两种方法:节点法和截面法。

3. 重心是物体重力合力的作用点,它在物体内的位置是不变的。根据合力矩定理,建立了重心坐标的一般公式,它是求物体重心的理论基础。解题时,可根据具体情况,选用相应的方法和公式来确定物体的重心。

4. 摩擦的基本理论中,着重分析了静滑动摩擦的情况,同时介绍了摩擦角和自锁现象及滚动摩擦的概念。要求掌握具有摩擦的平衡问题的分析方法。摩擦的基本情况见表 2.3。

表 2.3　摩擦的基本情况

状 态	静滑动摩擦		动滑动摩擦	滚动摩擦
	解析法	几何法		
一般平衡状态	$o\leqslant F_\mu\leqslant F_{\mu,\max}$ F_μ 由平衡方程确定 $F_{\mu,\max}=\mu_s F_F$	$F_R=F_N+F_\mu$ α 为全约束力 F_R 与接触点法线间的夹角 $0\leqslant\alpha\leqslant\varphi$ α 由平衡条件确定	$F'_\mu=\mu F_N$ F'_μ 是在已发生滑动情况下的摩擦力 μ 近视认为是一常量	$0\leqslant M_\mu\leqslant M_{\mu,\max}$ M_μ 由平衡条件确定 $M_\mu=M_{\mu,\max}=\delta F_N$
临界状态	$F_\mu=F_{\mu,\max}=\mu_s F_F$	$\alpha=\varphi=\arctan\mu_s$		$M_\mu=M_{\mu,\max}=\delta F_N$

习 题

一、填空题

1. 平面汇交力系平衡的解析条件是：力系中所有的力在_____投影的代数均为_____。

2. 空间汇交力系的合力在任意一个坐标轴上的投影,等于_____在同一轴上投影的_____,此称为空间力系的_____。

3. 空间一般力系有_____个独立的平衡方程;平面任意力系有_____个独立的平衡方程。

4. 平面内两个力偶等效的条件是这两个力偶的_____;平面力偶平衡的充要条件是_____。

5. 平面任意力系平衡方程的二矩式是_____,应满足的附加条件是_____。

6. 平面任意力系平衡方程的三矩式是_____,应满足的附加条件是_____。

二、选择题

1. 图2.43所示体系中的楔形块 A、B 自重不计,接触平面 m—m 和 n—n 为光滑平面,受力如图示,则系统平衡情况是( )。

   A. A 平衡、B 不平衡

   B. B 平衡,A 不平衡

   C. A、B 均不平衡

   D. A、B 均平衡

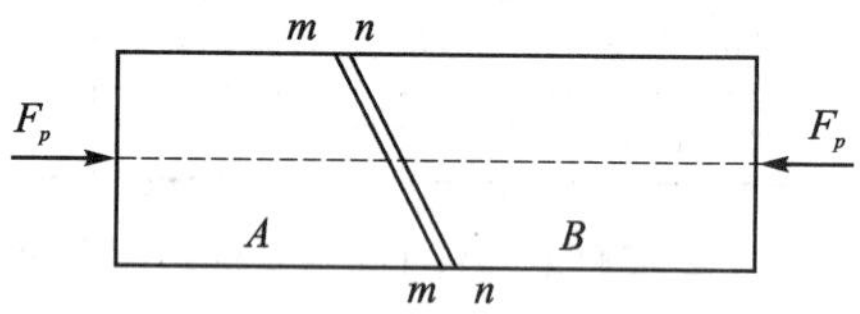

图 2.43

2. 利用平面一般力系的平衡方程最多可求解( )未知量。

   A. 一个   B. 二个   C. 三个   D. 四个

3. 平面汇交力系最多可列出的独立平衡方程数为( )。

   A. 2个   B. 3个   C. 4个   D. 6个

4. 平面任意力系独立平衡方程的个数为( )。

   A. 1个   B. 2个   C. 3个   D. 6个

5. 下列表述中正确的是( )。

   A. 任何平面力系都具有三个独立的平衡方程式

   B. 任何平面力系只能列出三个平衡方程式

   C. 在平面力系的平衡方程式的基本形式中,两个投影轴必须相互垂直

   D. 平面力系如果平衡,该力系在任意选取的投影轴上投影的代数和必为零

6. 如图2.44所示,杆 OA 和物块 M 的重力均为 P,杆与物块间有摩擦,物块与地面间光滑,当水平力 F 增大而物块仍然保持平衡时,则杆对物块 M 的正压力( )。

   A. 由小变大   B. 由大变小   C. 不变   D. 无法确定

7. 如图2.45所示,物块重为 P,受水平力 F 作用,摩擦角为20°,$P=F$,则物块( )。

A. 向上滑动　　　　B. 向下滑动　　　　C. 静止　　　　D. 临界平衡状态

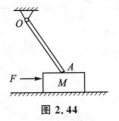
图 2.44

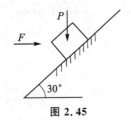
图 2.45

三、判断题

1. 当平面汇交力系平衡时,选择几个投影轴就能列出几个独立的平衡方程。(　　)

2. 无论平面汇交力系所含汇交力的数目是多少,都可用力多边形法则求其合力。(　　)

3. 应用力多边形法则求合力时,所得合矢量与几何相加时所取分矢量的次序有关。(　　)

4. 平面力偶系合成的结果为一合力偶,此合力偶与各分力偶的代数和相等。(　　)

5. 平面任意力系向作用面内任一点简化的主矢,与原力系中所有各力的矢量和相等。(　　)

6. 一平面任意力系向作用面内任一点简化后,得到一个力和一个力偶,但这一结果还不是简化的最终结果。(　　)

7. 平面任意力系向作用面内任一点简化,得到的主矩大小都与简化中心位置的选择有关。(　　)

8. 只要平面任意力系简化的结果主矩不为零,一定可以再化为一个合力。(　　)

9. 在求解平面任意力系的平衡问题时,列出的力矩方程的矩心一定要取在两投影轴的交点处。(　　)

10. 汇交力系平衡的解析条件是力的多边形自行封闭。(　　)

11. 平面汇交力系求合力时,作图的力序可以不同,其合力不变。(　　)

12. 求平面任意力系的平衡时每选一次研究对象,平衡方程的数目不受限制。(　　)

13. 平面任意力系中主矩的大小与简化中心的位置无关。(　　)

14. 平面任意力系向任意点简化的结果相同,则该力系一定平衡。(　　)

四、计算题

1. 结构受载荷如图 2.46 所示,试求支座 A、B、C 的约束力。

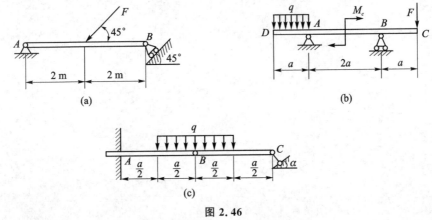
图 2.46

2. 如图 2.47 所示的压路机碾子重为 20 kN,半径 $R=40$ cm。如用一通过其中心 O 的水平力 F 将碾子拉过高 $h=8$ cm 的石坎,不计摩擦,求此水平力的大小? 力 F 的方向如何才能最省力?

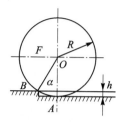

图 2.47

第3章　轴向拉伸与压缩的强度和刚度计算

 知识目标

➤ 了解构件的基本类型及强度、刚度、稳定性的定义。

➤ 了解变形物体的基本假设。

➤ 掌握低碳钢拉伸过程的机械性能,了解铸铁等脆性材料受压时的机械性能。

➤ 理解和掌握轴向拉伸(压缩)内力与拉(压)应力的概念。

➤ 熟练掌握截面法求解内力的方法。

➤ 熟练应用拉压强度条件、刚度条件解决工程实际问题。

➤ 应用剪切强度条件和挤压强度条件进行连接件的强度计算。

➤ 了解拉压杆的超静定问题。

 技能目标

➤ 能够应用拉压强度、刚度条件解决工程问题。

➤ 能够应用剪切和挤压强度条件解决工程问题。

3.1　内力和截面法

3.1.1　材料力学的任务

机械结构或工程结构的各组成部分(如机床的轴、汽车的叠板弹簧、房屋的梁和柱、桁架结构中的杆等)统称为构件。各种机械、设备和结构组在使用时,组成它们的每个构件都要受到从相邻构件或从其他构件传递来的外力(即载荷)的作用。在外力的作用下,构件要保证正常工作就不能被破坏,如起吊货物的钢索必须牢固,否则就会断裂,可能会造成重大安全事故;构件也不能产生过大的变形,如机床的传动轴不能产生过大的变形,否则会影响系统传动精度,从而降低机床加工精度等。

为了保证机械或工程结构能正常工作,因此要求组成它们的每一个构件都具有足够的承载能力。构件的承载能力通常由以下3个方面来衡量。

(1) 具有足够的强度

构件能够安全地承受所担负的载荷,不至于发生断裂或产生严重的永久变形。例如:冲床的曲轴,在工作冲压力作用下不应折断;储气罐或氧气瓶,在规定压力下不应爆破;房屋在正常情况下不应倒塌。可见,强度就是指构件在载荷作用下抵抗破坏的能力。

(2) 具有足够的刚度

在载荷作用下,构件的最大变形不允许超过实际使用所能容许的数值。如果变形过大,即使构件没有破坏,也不能正常工作。以机床的主轴为例,即使它有足够的强度,当变形过大时

（见图 3.1(a)），轴上的齿轮啮合不良，也会引起轴承的不均匀磨损（见图 3.1(b)），进而影响机床的加工精度和使用寿命。综上，刚度就是指构件在外力作用下抵抗变形的能力。

（3）具有足够的稳定性

在构件受力时能够保持原有的平衡形式，不至于突然偏向一侧而丧失承载能力。有些细长杆，如内燃机中的挺杆、千斤顶中的螺杆等（见图 3.1(c)、(d)），在压力作用下，有被压弯的可能。为了保证其正常工作，要求这类杆件始终保持直线形式，也要求原有的直线平衡形态保持不变。所以，所谓稳定性是指构件保持其原有平衡状态的能力。

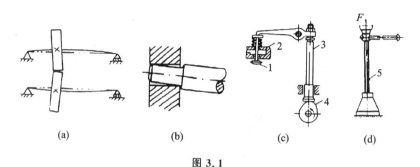

图 3.1

若构件的截面尺寸过小，或截面形状不合理，或材料选用不当，在外力作用下将不能满足上述要求，从而影响机械或工程结构的正常工作。若构件尺寸过大，材料质量太大，即使满足了上述要求，但也会导致构件的承载能力难以充分发挥。这样，既浪费了材料，又增加了成本和重量。

构件的设计，必须符合安全、实用和经济的原则。材料力学的任务是在保证满足构件的强度、刚度和稳定性要求（即保证安全、实用）的前提下，以最经济的方式，为构件选择适宜的材料，确定合理的形状和尺寸，并提供必要的理论基础和计算方法。

实际工程问题中，构件都应有足够的强度、刚度和稳定性。但就一个具体构件而言，对上述三项要求往往有所侧重。例如，氧气瓶以强度要求为主，车床主轴以刚度要求为主，而挺杆则以稳定性要求为主。此外，对某些特殊构件，还往往有相反的要求。例如，为了保证机器不因超载而造成重大事故，当载荷到达某一限度时，要求安全销立即破坏。这样，虽然安全销被损坏了，但是保全了机器的其他部件。又如，用于缓冲设备的弹簧、钟表的发条等构件，力求这些构件具有较大的弹性变形。

构件的强度、刚度和稳定性，显然都与材料的机械性能（也称力学性能：材料在外力作用下表现出来的变形和破坏等方面的特性）有关。材料的机械性能需要通过实验来测定。材料力学中的一些理论分析方法，大多是在某些假设条件下得到的。是否可靠，还需要通过实验检验其准确性。此外，有些问题尚无理论分析结果，也须借助实验的方法来解决。因此，材料力学是一门理论与实验相结合的学科。

构件的强度、刚度、稳定性，主要是由所用材料的机械性能、构件的形状、尺寸以及所受载荷的方向、位置等因素决定的。材料力学在辩证唯物论的基础上，运用许多基础科学的知识（如物理、力学、数学等），给人们提供了有关构件的强度、刚度、稳定性的计算方法。它是结合生产实践与实际工程问题，进行理论探讨和实验分析的。通过本学科的教学过程，可以逐步掌握"技术科学"（如材料力学、结构力学、机械原理与零件、电工学等）的特点和学习方法，为进一步学习专业课程打下必备的基础。

就构件设计方面来讲,除了要求坚固耐用的设计原则外,还要求构件经济、轻便,以及满足各种各样的工作任务要求,如耐高温、耐高压、耐腐蚀,高速运行稳定,便于大量生产、快速施工、综合利用等等。实际确定构件的材料,一方面,为了保证构件能够安全耐用,应该采用较多的或较好的材料;另一方面,为了满足经济和轻便的要求,又必须尽量少用材料或改用廉价多产的代用材料。在综合解决这些矛盾和困难问题时,材料力学可以给我们提供许多原则和方法,还能够帮助我们探索寻求新的材料、新的构件形式和更精确的分析计算途径。

3.1.2　材料力学的基本假设

所有构件都是由固体材料制成的,它们在外力作用下都会发生变形,故称为变形固体。为了方便研究,常常舍弃那些与所研究的问题无关或关系不大的特征,并通过作出某些假设将所研究的对象抽象成一种理想化的“模型”。例如,在理论力学中,为了从宏观上研究物体机械运动规律,可将物体抽象化为刚体;在材料力学中,为了研究构件的强度、刚度和稳定性问题,则必须考虑构件的变形,即只能把构件看作变形固体。

为建立力学模型,对变形固体做以下假设。

1. 连续性假设

认为组成固体的物质毫无空隙地充满了固体的体积,即认为固体是连续的。根据这个假设就可以用连续函数来表达构件内部的力及变形的有关规律。

2. 均匀性假设

认为固体内各点处的力学性能是相同的。根据这个假设,可以把试样测得的材料性能用于任何微小部分,也可以把任何部位取出的微小部分的力学性能用于整个构件。

3. 各向同性假设

认为固体沿任何方向的力学性能都是相同的,具有这种性能的材料称为各向同性的材料。如:各种金属、玻璃、塑料以及搅拌得很好的混凝土,一般都可以认为是各向同性的材料。沿不同方向力学性能不同的材料称为各向异性材料。例如,木材顺着纹理比横跨纹理容易被劈开,所以木材的抗力性在各个方向很不相同,它是各向异性材料。另外还有竹子、叠层板等都是各向异性材料。

钢、铜及所有矿物质的单晶体,性质上一般都具有方向性,即各向异性。但是,常用的金属材料是由很多微小晶粒组成的,宏观上可以认为是各向同性的。至于用压延方法制成的金属材料,如钢板、钢丝等,晶粒排列得比较有规律,因而按不同方向所取的试件,其机械性能就有些差别。因此,这类材料也属于各向异性材料。

此外,在材料力学中还假设构件在外力作用下所产生的变形与构件本身的几何尺寸相比是很小的,即小变形假设。在工程实际中,构件的变形一般都是极其微小的,要用精密仪器才可以测定。材料力学研究的问题限于小变形的情况,即认为构件受力后产生的变形远小于构件的原始尺寸。这样,在研究构件的平衡和运动时,就可忽略构件的变形,而按变形前的原始尺寸进行分析计算。

例如在图 3.2 中,简易吊车的各杆因受力而变形,引起支架几何形状和外力位置的变化,但由于 δ_1 和 δ_2 都远远小于吊车的其他尺寸,因此在计算各杆受力时,仍然可用吊车变形前的几何形状和尺寸,这样就可以在很大程度上简化计算。

在材料力学中,杆件变形分为弹性变形和塑性变形。若当外力不超过一定限度,绝大多数材料在外力作用下会发生变形,在外力解除后又可恢复原状,这种在外力解除后变形能完全消除的现象称为弹性变形。但如果外力过大,超过一定限度,则外力解除后只能部分复原。而遗留下一部分不能消除的变形称为塑性变形,也称为残余变形或永久变形。一般情况下,工程构件只允许发生弹性变形,而不允许发生塑性变形。

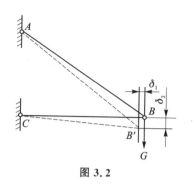

图 3.2

实际上,工程材料与上面所讲的"理想"材料并不完全相符合。但是,材料力学研究问题并不考虑其微观上的差异,而是着眼于材料的宏观性能。

实验表明,用以上这些基本假设建立起来的理想化模型去研究构件受力后的强度、刚度和稳定性而得的结论,由于其误差是在实际工程容许的范围之内的,因此在工程实际中的应用能达到满意的结果。

3.1.3 杆件基本变形形式

1. 构件的基本形式

工程实际中,构件的几何形状是多种多样的,可分为杆件、板件、壳体、块体等几大类。

（1）杆　件

凡长度方向(纵向)尺寸远大于横向(垂直于长度方向)尺寸的构件,称为杆件。杆件的横截面和轴线是杆件两个主要的几何特征。垂直于杆件长度方向的截面称为横截面,轴线是杆件各个横截面形心的连线。轴线是一条直线的杆件称为直杆(见图 3.3(a)、图 3.3(b)),轴线有转折的杆件称为折杆(或称刚架,见图 3.3(c)、图 3.3(d));具有弯曲轴线的杆件称为曲杆(见图 3(e))。杆件横截面的形状和尺寸都是一样的,这样的杆件称为等截面杆(见图 3.3(a)、图 3.3(c)、图 3.3(e));也有横截面的形状和尺寸沿轴线改变的杆件,这样的杆件称为变截面杆(见图 3.3(b)、图 3.3(d))。

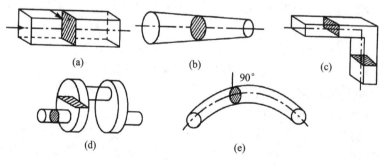

(a)   (b)   (c)

(d)   (e)

图 3.3

平行于杆件轴线的截面,称为纵截面;既不平行也不垂直于杆件轴线的截面,称为斜截面(见图 3.4)。工程实际中的许多构件都可以简化为杆件,如连杆、销钉、传动轴、梁、柱等。还有一些构件(如曲轴的轴颈)不是典型的杆件,但在近似计算或进行定性分析时也常简化为杆件。

（2）板　件

这种厚度方向比其他两方向的尺寸小很多的构件，称为板件。板件的几何形状可用它在厚度中间的一个面（称为中面）和垂直于该面的厚度来表示。中面如果是平面，称为平板（简称板，见图 3.5(a)）；中面如果是曲面，称为壳（见图 3.5(b)）。这类构件在飞机、船舶、建筑物、仪表和各种容器里用得较多。

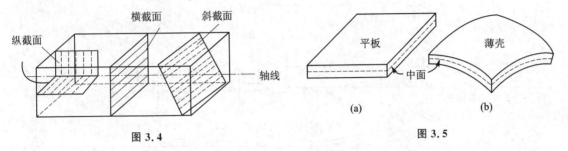

图 3.4　　　　　　　　　　　　　　　图 3.5

（3）块　件

长、宽、高各方面的尺寸都差不多的构件，称为块件。块件有时体积较大，例如机器底座、房屋基础、堤坝等。

杆件是工程中最常用的构件，材料力学的主要研究对象是直杆。

2. 杆件变形的基本形式

在实际结构中，杆件在外力作用下产生变形的情况都很复杂。作用在杆件上的外力情况不同，杆件产生的变形也各异。这些变形就其基本形式而言，可以分为以下四种。

（1）轴向拉伸或压缩

作用在直杆上的外力如果能简化为沿杆件轴线方向的平衡力系，则杆件的主要变形是长度的改变，这种变形形式称为轴向拉伸或轴向压缩。起吊重物的钢索、千斤顶的螺杆、紧固螺栓、厂房中的立柱等都产生轴向拉伸或压缩变形。例如：起吊重物的钢索受力后的变形，见图 3.6(a)。

（2）剪　切

一对垂直于杆轴线的力，作用在杆的两侧表面上，而且两力的作用线非常靠近，使杆件的两个部分沿力的作用方向发生相对错动。例如：剪板机中被剪切的钢板，见图 3.6(b)。

（3）扭　转

杆件受一对大小相等、转向相反、作用面垂直于杆轴线的力偶的作用，杆件的任意两个横截面绕杆轴线相对转动。例如：汽车中的传动轴受力后的变形，见图 3.6(c)。

（4）弯　曲

杆件受垂直于杆轴线的横向力、分布力或作用面通过杆轴线的力偶的作用，杆轴线由直线变为曲线。例如：火车轮轴受力后的变形，见图 3.6(d)。

在工程实际中，有些杆件的变形比较简单，只产生上述四种基本变形中的一种。有些杆件的变形则比较复杂，会同时发生两种或两种以上的基本变形，这种情况称为组合变形。例如：车床主轴工作时同时发生弯曲、扭转和压缩三种基本变形；钻床立柱同时发生拉伸和弯曲两种基本变形。

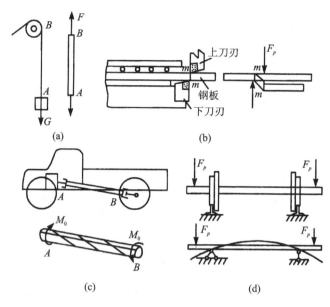

图 3.6

3.1.4　内　力

固体即使不受外力作用,其内部各质点之间也存在着相互作用力,以保持物体固有的形状。这种作用力使得固体内各质点具有抵抗相互分开、产生相互接近或剪切移动的性质,称为内力。当物体受到外力作用时,质点之间的作用力必然发生变化,这时我们说物体内部产生了附加内力,其作用趋势是力图使质点恢复原来的位置。为了形象地说明附加内力这一概念,我们可以把质点间的这种相互作用比喻成弹簧,即各质点之间是由一系列小弹簧连接起来的。小弹簧在外力作用下的伸长或缩短,都将在弹簧内部再产生弹性力,即附加内力与外力相平衡。当撤消外力后,弹簧又恢复到原来的状态。

附加内力随着外力的增大而增大。但是无论何种构件,附加内力的增加总是有一定的限度,不可能无限增加下去。若作用在构件上的外力超过一定限度时,构件就将发生破坏。可见,在研究构件承载能力时,离不开讨论附加内力与外力的关系以及附加内力的限度。由于所研究的问题只涉及附加内力,故以后就把附加内力简称为内力。因此,研究内力是解决构件强度和刚度问题的基础。

3.1.5　截面法

为了分析构件本身的内力(附加内力),用一假想平面把杆件切开成两部分,这样内力就转化为"外力"而显示出来。于是,内力就可以利用静力平衡方程将它求出。这种方法称为截面法,用截面法求内力可概括为如下 4 个步骤。

① 截:用一假想平面将构件沿指定截面截成两部分。

② 取:舍弃一段,保留另一段。

③ 代:用内力代替舍弃段对保留段的作用,即将相应的内力标在保留段的截面上。

④ 平:对保留段列静力平衡方程,便可求得相应的内力。

必须指出,在计算构件内力时,用假想的平面把构件截开之前,不能随意应用力或力偶的可移性原理,也不能随意应用静力等效原理。这是由于外力移动之后,内力及变形也会随之发生变化。

3.2　轴向拉(压)杆的轴力和轴力图

3.2.1　工程实例

在实际生产和生活中经常看到承受拉伸或压缩的杆件,如:液压传动机构中的活塞杆(见图 3.7(b)),在油压和工作阻力作用下受拉;桁架中的支杆(见图 3.7(a))受压。

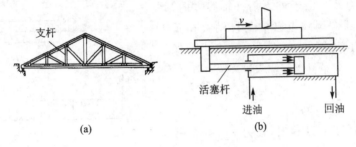

(a)　　　(b)

图 3.7

3.2.2　计算简图及力学模型

由以上工程实例可知,这些构件所受的合力的作用线都沿着构件的轴线方向,使得构件受到沿着轴线的拉力或压力。且这些构件几乎都为等截面直杆,如果撇开构件的具体形状和外力作用的方式,把构件及其受力情况加以简化,则可以概括出其典型的受力简图(如图 3.8 所示),即力学模型,以便计算。

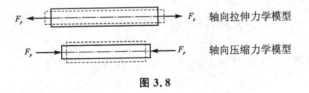

图 3.8

根据以上分析,可以得到杆件受到轴向拉力或压力时有以下特点。
➢ 构件特点:构件为等截面或变截面的直杆。
➢ 受力特点:杆件受一对平衡力的作用,外力的作用线与杆的轴线重合。
➢ 变形特点:杆件主要是沿轴向伸长或缩短,同时伴随横向变细或变粗。

3.2.3　轴　力

对杆件进行内力分析时,一般都要解决以下四个问题:
① 横截面上有何种内力;
② 内力的正负号是如何规定的;
③ 内力的大小是多少;

④ 内力沿杆的轴线是如何变化的。

对于前三个问题,只要正确利用截面法,就可解决;对于第四个问题,可通过列内力方程、画出内力图的方式来解决。

1. 轴力的概念及其大小的确定

当杆件受到作用线与杆轴线重合并通过横截面形心的力作用而平衡时,将会产生轴向拉伸或压缩变形,如图 3.9 所示。此时杆横截面上的内力只有轴力,其余的内力分量均为零。为了显示内力沿横截面 $m—m$ 分布情况,假设把杆分成两段。杆的左右两段在横截面 $m—m$ 上相互作用的内力是分布力系。由于外力沿杆轴线方向,分布内力的合力的作用线也必然与杆轴线相重合,故称之为轴力(见图 3.9)。轴力的大小由保留段(如左段)的平衡条件确定。

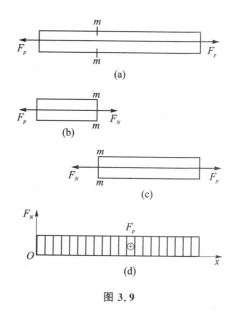

$$\Sigma F_x = 0, \qquad F_N - F_P = 0$$
$$F_N = F_P$$

从上面轴力计算可以看出,轴力 F_N 与横截面的尺寸(形状)、各段的长度无关,只与保留段上的轴向力的大小、方向有关。

图 3.9

2. 正、负号规定

为了表示轴力的方向,区别拉伸与压缩两种变形,因此在研究杆件内效应时不再沿用静力分析时按投影方向规定力的正负号的办法,而是根据内力所对应的基本变形来规定内力的正、负号。这样做是为了在求内力时,无论保留截面左段还是右段部分,都能使同一截面上的内力不仅大小相等,而且符号相同,即同为拉力或同为压力。

据此,对轴力的正、负号规定如下:

杆件受到拉伸时的轴力为正号,方向背离截面,称作拉力;杆件受到压缩时轴力为负号,方向指向截面,称作压力。

当用截面法计算轴力,在横截面上画轴力时,轴力方向离开截面时为正;当列平衡方程时,指向 x 轴正方向为正。

3.2.4 轴力图

由于图 3.9(a)直杆只在两端受力,故每个截面上的轴力都相等。如果直杆受到多于两个的轴向外力作用时,杆件在不同区段上的内力往往是不相同的。为了鲜明地表示轴力沿轴线变化的情况,常常绘出轴力沿杆轴线变化的函数图像,该图像称作轴力图(见图 3.9(d))。

【例 3.1】 阶梯杆受力如图 3.10(a)所示。不计杆的自重,试画其轴力图。

解: ① 求约束力。

取阶梯杆为研究对象,画出其受力图(见图 3.10(b)),列平衡方程并解得

$$\Sigma F_x = 0, \qquad 3F_P - F_P - F_{RA} = 0$$
$$F_{RA} = 2F_P$$

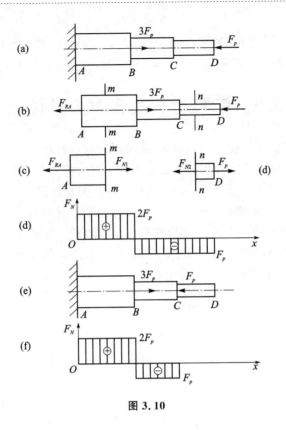

图 3.10

② 分段。

以外力作用点为分界线将杆分为 AB 和 BD 两段。

③ 求各段各截面上的轴力。

AB 段:取任意截面 m—m 的左段为研究对象(见图 3.10(c))。由平衡条件得

$$\Sigma F_x = 0, \qquad F_{N1} - F_{RA} = 0$$

$$F_{N1} = F_{RA} = 2F_P$$

BD 段:取任意截面 n—n 之右段为研究对象(见图 3.10(d)),由平衡条件得

$$\Sigma F_x = 0, \qquad -F_{N2} - F_P = 0$$

$$F_{N2} = -F_P$$

由于在列平衡方程时,已经假设 F_N 为正,故计算结果本身已表明了轴力是拉力还是压力。式中 F_{N1} 为正,说明它为拉力;F_{N2} 为负号,说明 F_{N2} 的实际方向与假设方向相反,即为压力。这种将截面上的内力都假设为正的方法称为设正法。在后面求圆轴扭转内力和梁的弯曲内力时,仍可用此方法。

④ 画轴力图。

首先取坐标系 OxF_N。坐标原点与杆左端对应,x 轴平行于杆轴线,F_N 轴垂直于杆轴线,然后根据上面计算出的数据,按比例作图。由于 AB 和 BD 两段各截面上的轴力均为常量,故轴力图为两条平行于 x 轴的直线,AB 段轴力为正,画在 x 轴上方;BD 段轴力为负,画在 x 轴下方(见图 3.10(d))。

由轴力图可知,虽然 BC 段和 CD 段横截面面积不同,但内力一样。这说明,轴力与杆横

截面面积大小无关。

如果把作用在 D 处的力 F_P 移至 C 处（见图 3.10（e）），则此时的轴力图如图 3.10（f）所示，可知 CD 段轴力为零，CD 段不会产生拉伸（或压缩）变形。

3.3　工程材料拉压时力学性能

由于构件的强度和变形不仅与应力有关，还与材料本身的力学性能有关。因此，对工程中所用材料的力学性能做进一步的分析是非常必要的。材料的力学性能，是指材料在受力和变形过程中所具有的特性指标，它是材料固有的特性，通过实验获得。

工程材料的种类很多，常用材料根据其性能可分为塑性材料和脆性材料两大类。低碳钢和铸铁是这两类材料的典型代表，它们在拉伸和压缩时表现出来的力学性能具有代表性。因此，本教材主要以低碳钢和铸铁为代表介绍塑性材料和脆性材料在常温（指室温）、静载（指加载速度缓慢平稳）下的力学性能。

3.3.1　塑性材料在拉压时的力学性能

1. 低碳钢拉伸时的力学性能

低碳钢是工程上应用较广的材料，它在拉伸实验中表现出来的力学性能比较全面，一般以低碳钢为例研究塑性材料在拉伸时的力学性能。

拉伸实验是研究材料的力学性能时最常用的实验。为便于比较试验结果，试件必须按照国家标准加工成图 3.11 标准试件，其标距有 $l=10d$（长试件）或 $l=5d$（短试件）两种规格。

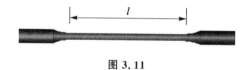

图 3.11

以 $Q235$ 钢为例，用标准试样做拉伸实验可测得拉伸力 F 与伸长量 Δl 的关系。

实验时，首先将试件两端装卡在试验机工作台的上、下夹头里，然后对其缓慢加载，直到试件拉断为止。在试件变形过程中，从试验机的示力盘上可以读出一系列拉力 F 值，同时试验机上附有自动绘图装置，在试验过程中能自动绘出载荷 F 和相应的伸长变形 Δl 的关系，此曲线称为拉伸图或 $F-\Delta l$ 曲线，如图 3.12 所示。拉伸图的形状与试件的尺寸有关。为了消除试件横截面尺寸和长度带来的影响，将载荷 F 除以试件原来的横截面面积 A，得到应力 σ；将变形 Δl 除以试件原长 l 得到应变 ε，以 σ 为纵坐标，ε 为横坐标，绘出的曲线称为应力-应变曲线（$\sigma-\varepsilon$ 曲线）（见图 3.13）。$\sigma-\varepsilon$ 曲线的形状不仅与 $F-\Delta l$ 曲线的形状相似，同时还能反映材料本身的特性。

下面根据图 3.13 及实验过程中的现象，讨论低碳钢拉伸时的力学性能。

（1）比例极限 σ_P

在 $\sigma-\varepsilon$ 曲线中 Oa 段为直线，说明试件的应力与应变成正比关系，材料符合胡克定律 $\sigma=E\varepsilon$。显然，此段直线的斜率与弹性模量 E 的数值相等。直线部分的最高点 a 所对应的应力 σ_P，是材料符合胡克定律的最大应力值，称为材料的比例极限 σ_P。

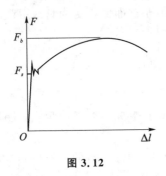

图 3.12

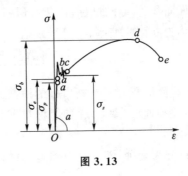

图 3.13

（2）弹性极限 σ_e

在应力超过比例极限后，aa' 已不是直线，说明材料不满足胡克定律，但所发生的变形仍然是弹性的。与 a' 对应的应力 σ_e 是材料发生弹性变形的极限值，σ_e 称为弹性极限。比例极限和弹性极限的概念不同，但二者数值非常接近，工程中不严格区分。

（3）屈服极限 σ_s

在应力超过弹性极限后，图形出现一段接近水平的小锯齿形线段 bc，说明此时应力虽有小的波动但基本保持不变，而应变却迅速增加，这种应力变化不大而变形显著增加的现象称为材料的屈服。屈服阶段除第一次下降的最小应力外的最低应力称为屈服极限，以 σ_s 表示。这时如果卸去载荷，试件的变形就不能完全恢复，而残留下一部分变形，即塑性变形。表面磨光的试样屈服时，表面将出现与轴线大致成 45°倾角的条纹（见图 3.14），这是由于材料内部相对滑移形成的，称为滑移线。

在工程中，一般不允许材料发生塑性变形，故用屈服极限 σ_s 作为衡量材料强度的重要指标。

（4）强度极限 σ_b

经过屈服阶段后，材料又恢复了抵抗变形的能力，这种现象称为材料的强化。如图 3.13 中，曲线最高点 d 所对应的应力，即试件断裂前能够承受的最大应力，该值称为强度极限，用 σ_b 表示。它是衡量材料强度的另一重要指标。

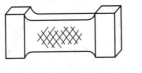

图 3.14

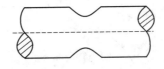

图 3.15

应力达到强度极限后，试件出现局部收缩，称为颈缩现象，如图 3.15 所示。由于颈缩处截面积迅速减小，导致试件最后在此处断裂。

（5）伸长率 δ 和断面收缩率 ψ

试件拉断后，试件长度由原来的 l 变为 l_1，用伸长量百分比表示的比值称为伸长率，用符号 δ 表示。

$$\delta = \frac{l_1 - l}{l} \times 100\%　　　　　　　　　　　(3.1)$$

式中，l 为原标距，l_1 为拉断后的标距。

原始横截面面积为 A 的试件,拉断后颈缩处的最小截面面积变为 A_1,用截面变化量百分比表示的比值称为断面收缩率,用符号 ψ 表示:

$$\psi = \frac{A - A_1}{A} \times 100\% \qquad (3.2)$$

式中,A 为原横截面面积,A_1 为断口处的横截面面积。

伸长率 δ 和断面收缩率 ψ 是衡量材料塑性的重要指标。δ、ψ 值越大,说明材料的塑性越好。

工程上材料分为两种:塑性材料和脆性材料。其中,塑性材料的伸长率 $\delta \geqslant 5\%$;脆性材料的伸长率 $\delta < 5\%$。

根据实验测得 Q235 钢的伸长率 $\delta = 25\% \sim 27\%$,断面收缩率 $\psi = 60\%$,它属于塑性材料。

(6)冷作硬化

实验表明,如果将试件拉伸到强化阶段的某一点 f(见图 3.16),然后缓慢卸载,则应力与应变关系曲线将沿着近似平行于 Oa 的直线回到 g 点,而不是回到 O 点。Og 就是残留下的塑性变形,gh 表示消失的弹性变形。如果卸载后立即再加载,则应力和应变曲线将基本上沿着 gf 上升到 f 点,以后的曲线与原来的 σ-ε 曲线相同。由此可见,将试件拉到超过屈服极限后卸载,然后重新加载时,材料的比例极限有所提高,而塑性变形减小,这种现象

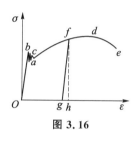

图 3.16

称为冷作硬化。工程中常用冷作硬化来提高某些构件在弹性阶段的承载能力。如起重用的钢索和建筑用的钢筋,常通过冷拔工艺来提高强度。

2. 其他塑性材料

其他金属材料的拉伸实验和低碳钢拉伸实验方法相同,但材料所显示出来的力学性能有很大差异。如图 3.17 给出了锰钢、硬铝、退火球墨铸铁和 45 钢的应力-应变图。这些材料都是塑性材料,但前三种材料没有明显的屈服阶段。对于没有明显屈服阶段的塑性材料,通常规定以产生 0.2% 塑性应变时所对应的应力值作为材料的名义屈服极限,写为 $\sigma_{0.2}$,如图 3.18 所示。

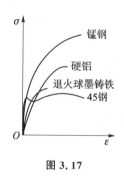

图 3.17

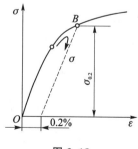

图 3.18

3. 低碳钢压缩时的力学性能

如图 3.19 为低碳钢压缩时的 σ-ε 曲线,其中虚线是拉伸时的 σ-ε 曲线。由图可见,在弹性阶段和屈服阶段,两条曲线基本重合。这表明,低碳钢在压缩时的比例极限 σ_P、弹性极限 σ_e、弹性模量 E 和屈服极限 σ_s 等,都与拉伸时基本相同。进入强化阶段后,试件越压越扁,试

件的横截面面积显著增大,抗压能力不断提高,试件只会压扁不会断裂,因此,无法测出低碳钢的抗压强度极限 σ_b。一般不做低碳钢的压缩试验,而是从拉伸试验得到低碳钢材料压缩时的主要力学性能。

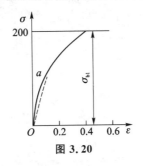

图 3.19

3.3.2　脆性材料在拉压时的力学性能

1. 铸铁拉伸时的力学性能

铸铁是常用的脆性材料的典型代表。如图 3.20 为铸铁拉伸时的应力-应变图。σ-ε 曲线没有明显的直线部分,既无屈服阶段,也无颈缩阶段;试件的断裂是突然的。因铸铁构件在实际使用的应力范围内,其 σ-ε 曲线的曲率很小,实际计算时常近似地以直线(见图 3.20 中的虚线)代替,认为近似地符合胡克定律,强度极限 σ_b 是衡量脆性材料拉伸时的唯一指标。

图 3.20

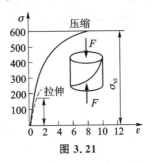

图 3.21

2. 铸铁压缩时的力学性能

脆性材料拉伸和压缩时的力学性能显著不同,铸铁压缩时的 σ-ε 曲线如图 3.21 所示。图中虚线为拉伸时的 σ-ε 曲线。可以看出,铸铁压缩时的 σ-ε 曲线,也没有直线部分,因此压缩时也只是近似地符合胡克定律。铸铁压缩时的强度极限比拉伸时高出 4～5 倍。对于其他脆性材料,如硅石、水泥等,其抗压强度也显著高于抗拉强度。另外,铸铁压缩时,断裂面与轴线夹角约为 45°,说明铸铁的抗剪能力低于抗压能力。

由于脆性材料塑性差,抗拉强度低,而抗压能力强,价格低廉,故适宜制作承压构件。铸铁坚硬耐磨,且易于浇铸,故广泛应用于铸造机床床身、机壳、底座、阀体等受压配件。因此,其压缩实验比拉伸实验有更为重要的意义。

几种常用材料的力学性质见表 3.1。

表 3.1　几种常用材料的力学性质

材料名称	牌　号	σ_S/MPa	σ_b/MPa	δ/%	ψ/%
普通碳素钢	Q235A	235	375～460	21～26	—
普通碳素钢	Q275	275	490～610	15～20	—
优质碳素钢	35	315	530	20	45
优质碳素钢	45	355	600	16	40
合金钢	40Cr	785	980	9	45
球墨铸铁	QT600-3	370	600	3	
灰铸铁	HT150	—	拉 150; 压 500～700		

3.3.3　材料的极限应力,许用应力与安全系数

通过材料的拉伸(压缩)实验,可以看到,当正应力到达强度极限 σ_b 时,就会引起断裂;当正应力到达屈服强度 σ_S 时,试件就会产生显著的塑性变形。为保证工程结构能安全正常地工作,则要求组成结构的每一构件既不断裂,也不产生过大的变形。因此,工程中把材料断裂或产生塑性变形时的应力统称为材料的极限应力,用 σ_0 表示。

对于脆性材料,由于它没有屈服阶段,在变形很小的情况下就发生断裂破坏,它只有一个强度指标,即强度极限 σ_b。因此,通常以强度极限作为脆性材料的极限应力,即 $\sigma_0=\sigma_b$。对于塑性材料,由于它一经屈服就会产生很大的塑性变形,构件也就恢复不了它原有的形状,所以一般取它的屈服强度作为塑性材料的极限应力,即 $\sigma_0=\sigma_s$。

为了保证构件能够正常地工作和具有必要的安全储备,必须使构件的工作应力小于材料的极限应力。因此,构件的许用应力 $[\sigma]$ 应该是材料的极限应力 σ_0 除以一个数值大于1的安全系数 n,即

$$[\sigma]=\frac{\sigma_0}{n} \tag{3.3}$$

对于塑性材料其许用应力为

$$[\sigma]=\frac{\sigma_s}{n_s} \tag{3.4}$$

对于脆性材料其许用应力为

$$[\sigma]=\frac{\sigma_b}{n_b} \tag{3.5}$$

其中,安全系数 n 的取值,直接影响到许用应力的高低。如果许用应力太高,即安全系数偏低,结构偏于危险;反之,则材料的强度不能充分发挥,造成物质上的浪费。所以,安全系数的选择,要综合考虑使用材料的安全性与经济性的矛盾。正确选取安全系数是一个很重要的问题,一般要考虑以下一些因素。

➢ 材料的不均匀性。
➢ 载荷估算的近似性。
➢ 计算理论及公式的近似性。
➢ 构件的工作条件、使用年限等差异。

安全系数通常由国家有关部门决定,可以在相关工作规范中查到。目前,在一般静载条件下,塑性材料可取 $n_s=1.2\sim2.5$,脆性材料可取 $n_b=2\sim5$。随着材料质量和施工方法的不断改进以及计算理论和设计方法的不断改进,安全系数的选择将会更加精细,更加合理。

3.4　轴向拉压的应力和强度

只根据轴力并不能判断杆件是否有足够的强度。例如,用同一材料制成粗细不同的两杆件,在相同的拉力下,两杆的轴力自然是相同的。但当拉力逐渐增大时,细杆必定先拉断。这说明拉杆的强度不仅与轴力的大小有关,而且与横截面面积有关。为了表示内力在一点处的强弱,引入内力集度,即应力的概念。

如图 3.22 所示，首先围绕 K 点取微小面积 ΔA，ΔA 上分布内力的合力为 ΔF。

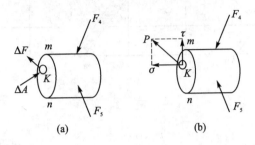

$$(a) \qquad\qquad (b)$$

图 3.22

ΔF 与 ΔA 的比值为 $P_m = \dfrac{\Delta F}{\Delta A}$，称为平均应力。式中 P_m 是一个矢量，代表在 ΔA 范围内，单位面积上的内力的平均集度。当 ΔA 趋于零时，P_m 的大小和方向都将趋于一定极限，得到 $P = \lim\limits_{\Delta A \to 0} P_m = \lim\limits_{\Delta A \to 0} \dfrac{\Delta F}{\Delta A} = \dfrac{\mathrm{d}F}{\mathrm{d}A}$，$P$ 称为 K 点处的全应力。通常把全应力 P 分解成垂直于截面的分量 σ 和相切于截面的分量 τ，σ 称为正应力，τ 称为切应力。

应力即单位面积上的内力，表示某截面 $\Delta A \to 0$ 处内力的密集程度。

应力的国际单位为 Pa 或 MPa，且有 $1\,\mathrm{Pa} = 1\,\mathrm{N/m^2}$，$1\,\mathrm{MPa} = 10^6\,\mathrm{Pa}$，$1\,\mathrm{GPa} = 10^9\,\mathrm{Pa}$，工程中常用单位是 MPa，$1\,\mathrm{N/mm^2} = 1\,\mathrm{MPa}$。

3.4.1　应力计算

1. 横截面上的应力

只受拉伸(或压缩)载荷的杆件横截面上应力分布规律(见图 3.23)：横截面上各点仅存在正应力 σ，并沿截面均匀分布。

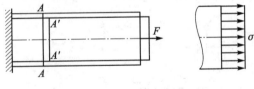

图 3.23

拉(压)杆横截面上正应力的计算公式为

$$\sigma = \frac{F_N}{A} \tag{3.6}$$

此公式适用于横截面为任意形状的等截面杆。

规定：σ 为正值时是拉应力，σ 为负值时是压应力。

2. 斜截面上的应力

如图 3.24 所示，在拉压杆的斜截面上。各点处应力为

$$P_\alpha = \frac{F\cos\alpha}{A} = \sigma\cos\alpha \tag{3.7}$$

将应力沿斜截面外法向和切向分解。得到斜截面各点的正应力和切应力

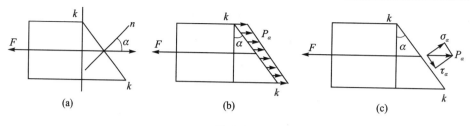

图 3.24

$$\sigma_\alpha = P_\alpha \cos \alpha = \sigma \cos^2 \alpha$$

$$\tau_\alpha = P_\alpha \sin \alpha = \frac{\sigma}{2} \sin 2\alpha \tag{3.8}$$

式中,方位角 α 为斜截面外法向与杆轴线(x 轴)夹角,其正负号规定:以 x 轴为始边,α 角为逆时针转向者为正;反之为负。

结论:$\alpha = 0°$ 时,正应力最大,其值为 $\sigma_{max} = \sigma$。

$\alpha = 45°$ 时,切应力最大,其值为 $\tau_{max} = \dfrac{\sigma}{2}$。

轴向拉伸(压缩)时,杆内最大正应力产生在横截面上,工程中把它作为建立拉(压)杆强度计算的依据;而最大切应力则产生在与杆轴线成 $45°$ 的斜截面上,其值等于横截面上正应力的一半。当 $\alpha = 90°$ 时,$\sigma_\alpha = \tau_\alpha = 0$,说明在平行于杆轴的纵向截面上没有应力存在。

【例 3.2】 已知等截面直杆横截面面积 $A = 500 \ \text{mm}^2$,受轴向力作用如图 3.25 所示,已知 $F_1 = 10 \ \text{kN}$,$F_2 = 20 \ \text{kN}$,$F_3 = 20 \ \text{kN}$,试求直杆各段的应力。

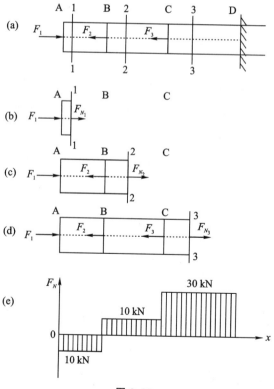

图 3.25

解: ① 内力计算。

用求截面轴力的简便方法,求出任意截面 1—1、2—2、3—3 上的轴力 F_{N_1}、F_{N_2}、F_{N_3}

$F_{N_1} = -F_1 = -10$ kN

$F_{N_2} = F_2 - F_1 = 20$ kN-10 kN$=10$ kN

$F_{N_3} = F_2 + F_3 - F_1 = 20$ kN$+20$ kN-10 kN$=30$ kN

② 应力计算。

利用式(3.6)计算各段应力:

$$\sigma_{AB} = \frac{F_{N_1}}{A} = \frac{-10\ \text{N} \times 10^3}{500\ \text{mm}^2} = -20\ \text{MPa}$$

$$\sigma_{BC} = \frac{F_{N_1}}{A} = \frac{10\ \text{N} \times 10^3}{500\ \text{mm}^2} = 20\ \text{MPa}$$

$$\sigma_{CD} = \frac{F_{N_3}}{A} = \frac{30\ \text{N} \times 10^3}{500\ \text{mm}^2} = 60\ \text{MPa}$$

【例 3.3】　轴向受压等截面杆件如图 3.26 所示,横截面面积 $A = 400$ mm^2,载荷 $F = 50$ kN。试求横截面及 $\alpha = 40°$ 斜截面上的应力。

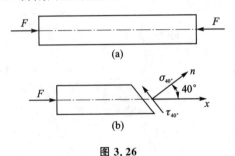

图 3.26

解: 用截面法杆件任一截面上的轴力 $F_N = -50$ kN,所以杆件横截面上的正应力为

$$\sigma = \frac{F_N}{A} = \frac{-50\ \text{N} \times 10^3}{400\ \text{mm}^2} = -125\ \text{MPa}$$

由式(3.6)得 $\alpha = 40°$,斜截面上的正应力和切应力分别为

$$\sigma_{40°} = \sigma\cos^2\alpha = -125\ \text{MPa} \times \cos^2 40° = -73.4\ \text{MPa}$$

$$\tau_{40°} = \frac{\sigma}{2}\sin 2\alpha = \frac{-125\ \text{MPa}}{2} \times \sin 80° = -61.6\ \text{MPa}$$

应力的方向如图 3.26(b)所示。

3.4.2　强度计算

杆件中最大应力所在的横截面称为危险截面。为了保证构件具有足够的强度,必须使危险截面的应力不超过材料的许用应力,即

$$\sigma_{max} = \frac{F_{N,max}}{A} \leqslant [\sigma] \tag{3.9}$$

式中,F_N 和 A 分别为危险截面的轴力和截面面积。此式称为拉伸或压缩时强度条件公式。

运用强度条件可以解决以下三类问题:

① 强度校核:已知载荷、杆件的横截面尺寸,用强度条件(3.9)可校核构件的强度。

② 选择横截面尺寸:已知拉(压)杆所受载荷及所用材料,可确定横截面尺寸。此时可改写为

$$A \geqslant \frac{F_{N,\max}}{[\sigma]} \tag{3.10}$$

③ 确定许可载荷:已知拉(压)杆的横截面尺寸和材料的许用应力,可确定杆件所能承受的最大轴力。此时可改写为

$$F_{N,\max} \leqslant A[\sigma] \tag{3.11}$$

然后根据轴力 F_N 确定杆件所能承受的载荷,即许可载荷。

下面举例说明上述三类问题的解决方法。

【例 3.4】 钢木构架如图 3.27(a)所示。BC 杆为钢制圆杆,AB 杆为木杆。若 $F = 10$ kN,木杆 AB 的横截面面积为 $A_1 = 10\ 000\ \mathrm{mm}^2$,许用应力 $[\sigma_1] = 7$ MPa,钢杆 BC 的横截面面积为 $A_2 = 600\ \mathrm{mm}^2$,许用应力 $[\sigma_2] = 160$ MPa。试校核两杆的强度。

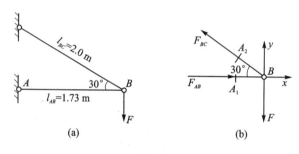

图 3.27

解:① 确定两杆的内力。

由节点 B 的受力图(见图 3.27(b))列出静力平衡方程:

$$\Sigma F_y = 0, \qquad F_{BC}\sin 30° - F = 0$$

得

$$F_{BC} = 2F = 20\text{ kN}$$

$$\Sigma F_x = 0, \qquad F_{AB} - F_{BC}\cos 30° = 0$$

得

$$F_{AB} = \frac{\sqrt{3}}{2}F = 17.3\text{ kN}$$

② 对两杆进行强度校核:

$$\sigma_{AB} = \frac{F_{AB}}{A_1} = \frac{17.3\text{ N} \times 10^3}{1 \times 10^4\ \mathrm{mm}^2} = 1.73\text{ MPa} < [\sigma_1] = 7\text{ MPa}$$

$$\sigma_{BC} = \frac{F_{BC}}{A_2} = \frac{20\text{ N} \times 10^3}{600\ \mathrm{mm}^2} = 33.3\text{ MPa} < [\sigma_2] = 160\text{ MPa}$$

由上述计算可知,两杆件的正应力都远低于材料的许用应力,强度尚没有充分发挥。因此,悬吊物的重量还可以增加。

【例 3.5】 一悬臂吊车如图 3.28(a)所示,已知起重小车自重 $G = 5$ kN,起重量 $F = 15$ kN,拉杆 BC 用 Q235A 钢,许用应力 $[\sigma] = 170$ MPa。试选择拉杆直径 d。

解:① 计算拉杆的轴力。

当小车运行到 B 点时,BC 杆所受的拉力最大,必须在此情况下求拉杆的轴力。取 B 点

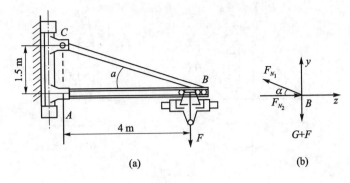

图 3.28

为研究对象,其受力图如图 3.28(b)所示。由平衡条件

$$\Sigma F_y = 0, \qquad F_{N_1} \sin \alpha - (G + F) = 0 \tag{a}$$

得

$$F_{N_1} = \frac{G + F}{\sin \alpha} \tag{b}$$

在 $\triangle ABC$ 中

$$\sin \alpha = \frac{AC}{BC} = \frac{1.5 \text{ m}}{\sqrt{1.5^2 + 4^2} \text{ m}} = \frac{1.5}{4.27} \tag{c}$$

代入式(b)得

$$F_{N_1} = \frac{(5 + 15) \times 10^3 \text{ N}}{\dfrac{1.5}{4.27}} = 56\,900 \text{ N} = 56.9 \text{ kN}$$

② 选择截面尺寸。

由式(3.8)得

$$A \geqslant \frac{F_{N_1}}{[\sigma]} = 335 \text{ mm}^2$$

圆截面面积 $A = \dfrac{\pi}{4} d^2$,故拉杆直径

$$d \geqslant \sqrt{\frac{4A}{\pi}} = \sqrt{\frac{4 \times 335 \text{ mm}^2}{3.14}} = 20.6 \text{ mm}$$

可取 $d = 21$ mm。

【例 3.6】　起重机如图 3.29 所示,BC 杆由绳索 AB 拉住,若绳索的截面面积为 5 cm²,材料的许用应力 $[\sigma] = 40$ MPa。求起重机能安全吊起的载荷大小。

解: ① 求绳索所受的拉力 $F_{N_{AB}}$ 与 F 的关系。

用截面法,将绳索 AB 截断,并绘出如图 3.29(b)所示的受力图。

$$\Sigma M_C(F) = 0, \qquad F_{N_{AB}} \cos \alpha \times 10 - F \times 5 = 0$$

将 $\cos \alpha = \dfrac{15}{\sqrt{10^2 + 15^2}}$ 代入上式,得

$$F_{N_{AB}} \times \frac{15}{\sqrt{10^2 + 15^2}} \times 10 - F \times 5 = 0$$

即 $F_{\max} = 1.67 F_{N_{AB}}$。

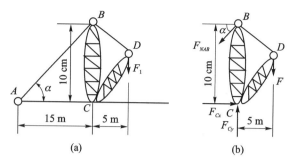

图 3.29

② 根据绳索 AB 的许用应力,求起吊的最大载荷为

$$F_{N_{AB}\max} \leqslant A[\sigma] = 5 \text{ cm}^2 \times 10^2 \times 40 \text{ MPa} = 20 \times 10^3 \text{ kN}$$

$$F_{\max} = 1.67 F_{N_{AB}} = 1.67 \times 20 \text{ kN} = 33.4 \text{ kN}$$

即起重机安全起吊的最大载荷为 33.4 kN。

3.5 轴向拉伸与压缩时的变形及刚度条件

3.5.1 轴向变形和胡克定律

1. 拉压杆的变形

由实验可知,直杆在轴向载荷作用下,将会发生轴向尺寸的改变,同时还伴有横向尺寸的变化。轴向伸长时,横向就略有缩小;反之轴向缩短时,横向就略有增大。

(1)绝对变形(变形量=变形后的值-原长)

如图 3.30 所示,设等直杆的原长为 l_0,横向尺寸为 b_0。在轴向外力作用下,纵向伸长到 l_1,横向缩短到 b_1。把拉(压)杆的纵向伸长(缩短)量称为轴向变形,用 Δl 表示,横向缩短(伸长)量用 Δb 表示。Δl、Δb 统称为绝对变形。

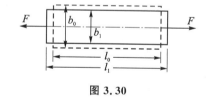

图 3.30

$$\left.\begin{array}{ll}\text{轴向变形} & \Delta l = l_1 - l_0 \\ \text{横向变形} & \Delta b = b_1 - b_0\end{array}\right\} \tag{3.12}$$

拉伸时 Δl 为正,Δb 为负;压缩时 Δl 为负,Δb 为正。

(2)相对变形(比值=绝对变形量/原长)

绝对变形与杆件的原长有关,不能准确反映杆件的变形程度,消除杆长的影响,则得单位长度的变形量称为相对变形,用 ε、ε' 表示。

轴向线应变:
$$\varepsilon = \frac{\Delta l}{l_0}$$

横向线应变:
$$\varepsilon' = \frac{\Delta b}{b_0} \tag{3.13}$$

ε 和 ε' 都是无量纲的量,又称为线应变。

（3）横向变形系数 μ

实验表明,在材料的弹性范围内,其横向线应变与轴向线应变的比值为一常数,记作 μ,称为横向变形系数或泊松比。

$$\mu = \left| \frac{\varepsilon'}{\varepsilon} \right| \quad 或 \quad \varepsilon' = -\mu\varepsilon \tag{3.14}$$

泊松比 μ,与 E 一样,也是材料固有的弹性常数,且是一个没有量纲的量。常用材料的弹性模量和泊松比见表 3.2。

表 3.2　几种常用工程材料的 E、μ 值

材料名称	E/GPa	μ
低碳钢	196～216	0.25～0.33
合金钢	186～216	0.24～0.33
灰铸铁	78.5～157	0.23～0.27
铜合金	72.6～128	0.31～0.42
铝合金	70	0.33

2. 胡克定律

实验表明,对拉(压)杆,当应力不超过比例极限 σ_P 时,杆的轴向变形 Δl 与轴力 F_N 成正比,与杆长 l 成正比,与横截面面积 A 成反比。这一比例关系称为胡克定律。

其公式为

$$\Delta l = \frac{F_N l}{EA} \tag{3.15}$$

将此式变形可得

$$\varepsilon = \frac{\sigma}{E} \quad 或 \quad \sigma = E\varepsilon \tag{3.16}$$

说明:

① E——材料的拉(压)弹性模量,其单位 GPa,其值由实验测得,是衡量材料刚度的指标。可通过表 3.2 查得。

从宏观角度来说,弹性模量是衡量物体抵抗弹性变形能力大小的尺度,从微观角度来说,则是原子、离子或分子之间键结合强度的反映。弹性模量越大,材料越不容易变形,且刚性越强,硬度越大。

② EA——杆件的抗拉(压)刚度。

③ 计算时,在长度 l 内,F_N、A、E 均为常量,否则应考虑分段计算。

④ 在材料的比例极限内,应力与应变成正比。

【例 3.7】　阶梯形钢杆如图 3.31 所示,已知 AB 段和 BC 段横截面面积 $A_1 = 200\ \mathrm{mm}^2$, $A_2 = 500\ \mathrm{mm}^2$,钢材的弹性模量 $E = 200\ \mathrm{GPa}$,作用轴向力 $F_1 = 10\ \mathrm{kN}$,$F_2 = 30\ \mathrm{kN}$,杆长 $L = 100\ \mathrm{mm}$。试求:① 各段横截面上的应力。② 杆件的总变形。

解:① 先求杆件各段轴力,画轴力图。

AB 段　　　　　　　　　　　　$F_{N_1} = F_1 = 10\ \mathrm{kN}$

BC 段　　　　　　　　　　　　$F_{N_2} = F_1 - F_2 = -20\ \mathrm{kN}$

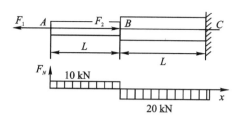

图 3.31

再求各段杆截面上的应力。

AB 段
$$\sigma_1 = \frac{F_{N_1}}{A_1} = 50 \text{ MPa}$$

BC 段
$$\sigma_2 = \frac{F_{N_2}}{A_2} = -40 \text{ MPa}$$

② 求杆件的总变形

由于各段杆长内的轴力不相同,因此须分段计算,即总变形等于各段变形的代数和。

a. 求各段杆的变形。

AB 段
$$\Delta l_1 = \frac{F_{N_1} l}{EA_1} = 0.025 \text{ mm}$$

BC 段
$$\Delta l_2 = \frac{F_{N_2} l}{EA_2} = -0.02 \text{ mm}$$

b. 杆件的总变形量。
$$\Delta l = \Delta l_1 + \Delta l_2 = 0.005 \text{ mm}$$

3.5.2 刚度条件

为了安全,前面建立了拉(压)杆的强度条件。可是,即使有时杆件的强度足够,却因为杆件的变形过大,导致其刚度不足,以致不能适用。因此为了使结构件既经济又安全,同时还要适用,就必须限制构件的变形,须满足变形条件,即刚度条件:

$$\Delta l = \frac{F_N l}{EA} \leqslant [\Delta l] \tag{3.17}$$

许可变形 $[\Delta l]$ 视结构物条件而定。

【例 3.8】 一空心铸铁短圆筒长 80 cm,外径 25 cm,内径 20 cm,承受轴向压力 500 kN,铸铁的 $[\Delta l] = 0.02$ mm。试校核其刚度。$E = 120$ GPa。

解: 空心圆筒的横截面面积为

$$A = \frac{\pi}{4} \left[(25 \text{ cm})^2 - (20 \text{ cm})^2 \right] \times 10^{-4} = 1.77 \times 10^{-2} \text{ m}^2$$

$$\Delta l = \frac{F_N l}{EA} = 1.88 \times 10^{-4} \text{ m} < [\Delta l]$$

因此空心铸铁短圆筒的刚度符合要求。

3.6　拉压超静定问题的解法

3.6.1　超静定问题

在刚体静力学中已经介绍过静定和超静定的概念。如果所研究问题的未知量数目恰好等于独立的平衡方程数目,那么未知量可由平衡方程全部求出,这类问题称为静定问题;但如果所研究问题的未知量数目多于独立平衡方程的数目,那么仅由平衡方程不可能求出全部未知数,这一类问题称为超静定问题(也称静不定问题)。在超静定问题中,未知量数目比独立平衡方程数目多出的个数即称为超静定次数。多出一个为一次超静定问题,多两个为二次超静定问题,依此类推。

3.6.2　简单超静定问题的解法

为了求出超静定结构的全部未知力,除利用平衡方程外,必须同时考虑结构的变形情况以建立补充方程,并使补充方程的数目等于超静定次数。结构在正常使用的情况下,各部分的变形之间必然存在一定的几何关系,称为变形协调条件。

解超静定问题的关键就是:首先根据变形协调条件写出变形几何方程;然后运用胡克定律,写出杆件的变形与内力之间的物理关系;最后代入变形几何方程,将变形几何方程改写为以内力表示的方程,即得所需的补充方程。

【例 3.9】　一等直杆 AB,上下两端固定,在截面 C 处受轴向载荷 F 作用,如图 3.32(a)所示。杆的横截面面积为 A,材料的弹性模量为 E,求两端支座的约束反力。

解:设杆上下固定端的约束力分别为 F_A 和 F_B,杆的受力如图 3.32(b)所示。

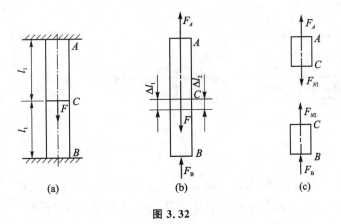

图 3.32

由于 F_A、F 和 F_B 构成一共线力系,所以 AB 杆的平衡方程只有一个,即
$$\Sigma F_y = 0, \qquad F_A + F_B - F = 0 \tag{a}$$
可见,未知约束力的数目比平衡方程的数目多一个,故为一次超静定,必须补充一个方程才能求解。

由图 3.32(c)可知,AC 段和 CB 段的轴力分别为 $F_{N_1} = F_A$(拉力),$F_{N_2} = -F_B$(压力),相应的变形是 AC 段伸长,CB 段缩短。因杆件两端为固定端,故 AB 杆的长度保持不变,AB 杆

的总变形 $\Delta l = 0$ 根据上述变形协调条件,得到杆的变形几何方程为

$$\Delta l = \Delta l_1 + \Delta l_2 = 0 \tag{b}$$

在线弹性范围内,杆件变形与内力之间的物理关系由胡克定律表示,即

$$\Delta l_1 = \frac{F_{N_1} l_1}{EA} = \frac{F_A l_1}{EA}$$

$$\Delta l_2 = \frac{F_{N_2} l_2}{EA} = -\frac{F_B l_2}{EA} \tag{c}$$

把式(c)代入式(b),得到补充方程为

$$\frac{F_A l_1}{EA} - \frac{F_B l_2}{EA} = 0$$

$$F_A l_1 - F_B l_2 = 0 \tag{d}$$

联立方程(a)和(d),求得

$$F_A = \frac{l_2}{l_1 + l_2} F, \qquad F_B = \frac{l_1}{l_1 + l_2} F$$

上面求解超静定问题的方法及步骤可归纳如下:

① 画出杆件或结构受力图,列出所有独立的静力平衡方程。

② 画出杆件或杆系结点的变形——位移图,根据变形协调条件列出变形几何方程,其数目等于超静定次数。

③ 根据变形与内力之间的物理关系,将变形几何方程改写成以内力表示的补充方程。

④ 联立平衡方程和补充方程,解出全部未知力。

【例 3.10】 如图 3.33(a)所示,平行杆系 1、2、3 悬吊着刚性横梁 AB。在横梁上作用着载荷 G。假设杆 1、2、3 的截面积、长度、弹性模量均相同,分别为 A、l、E,试求三根杆的轴力 F_{N_1}、F_{N_2}、F_{N_3}。

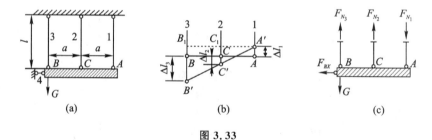

图 3.33

解: 设在载荷 G 作用下,横梁移动到 $A'B'$ 位置(见图 3.33(b)),则杆 1 的缩短量为 Δl_1,而杆 2、3 的伸长量为 Δl_2、Δl_3。取横梁 AB 为分离体,如图 3.25(c)所示,其上除载荷 G 外,还有轴力 F_{N_1}、F_{N_2}、F_{N_3} 以及 F_{BX}。由于假设 1 杆缩短,2、3 杆伸长,故应将 F_{N_1} 设为压力,而 F_{N_2}、F_{N_3} 设为拉力。

① 平衡方程为

$$\begin{cases} \Sigma F_x = 0, & F_{Bx} = 0 \\ \Sigma F_y = 0, & -F_{N_1} + F_{N_2} + F_{N_3} - G = 0 \\ \Sigma M_B(F) = 0, & -F_{N_1} \cdot 2a + F_{N_2} \cdot a = 0 \end{cases} \tag{a}$$

② 三个平衡方程中包含四个未知力,故为一次超静定问题。

③ 求变形几何方程。由变形关系(见图 3.33(b))可看出,C_1C' 是 $\triangle AB_1B'$ 的中位线。

$$B_1B' = 2C_1C'$$

即

$$\Delta l_3 + \Delta l_1 = 2(\Delta l_2 + \Delta l_1)$$

或

$$-\Delta l_1 + \Delta l_3 = 2\Delta l_2 \tag{b}$$

④ 物理方程为

$$\Delta l_1 = \frac{F_{N_1} l}{EA}, \qquad \Delta l_2 = \frac{F_{N_2} l}{EA}, \qquad \Delta l_3 = \frac{F_{N_3} l}{EA} \tag{c}$$

$$-\frac{F_{N_1} l}{EA} + \frac{F_{N_3} l}{EA} = 2 \times \frac{F_{N_2} l}{EA}$$

$-F_{N1} + F_{N3} = 2F_{N2}$ 将式(c)代入(b),然后与式(a)联立求解,可得

$$F_{N_1} = G6, \qquad F_{N_2} = G3, \qquad F_{N_3} = 5G6$$

例 3.10 表明:在解超静定问题中,假定各杆的轴力是拉力还是压力,要以变形关系图中各杆是伸长还是缩短为依据,两者之间必须一致。经计算三杆的轴力均为正,说明正如变形关系图中所设,杆 2、3 伸长,而杆 1 缩短。

3.7　剪切与挤压的实用计算

3.7.1　工程实例

剪切是构件的基本变形之一,挤压常伴剪切而发生。在工程机械中常用的连接件,如销钉、螺栓、键和铆钉等,都是承受剪切的零件,如图 3.34 所示。

3.7.2　剪切的实用计算

如图 3.35 所示,用铆钉连接的两块钢板。当钢板受外力作用时,铆钉横向受到两块钢板的作用力作用,铆钉在这对力的作用下,上下两部分将沿与外力作用线平行的截面 $m—m$ 发生相对错动。构件在这样一对大小相等、方向相反,作用线相隔很近的外力(或外力的合力)的作用下,截面沿着力的作用线方向发生相对错动的变形称为剪切变形。在变形过程中,产生相对错动的截面(如 $m—m$)称为剪切面。它位于方向相反的两个外力作用线之间,且平行于外力作用线。

为了对连接件进行剪切强度计算,须先计算剪切面上的内力。应用截面法,可得剪切面 $m—m$ 上的内力,即剪切力 F_Q(见图 3.36),由平衡方程求得

$$F_Q = F$$

剪切面上有切应力 τ 存在。切应力在剪切面上的分布情况比较复杂,在工程中通常采用以实验、经验为基础的"实用计算法"来计算。"实用计算法"即假定剪切力在剪切面上的分布是均匀的。所以,切应力可按下式计算:

$$\tau = \frac{F_Q}{A} \tag{3.18}$$

式中,F_Q 为剪切面上的剪切力,单位为 N;A 为剪切面积,单位为 mm^2。

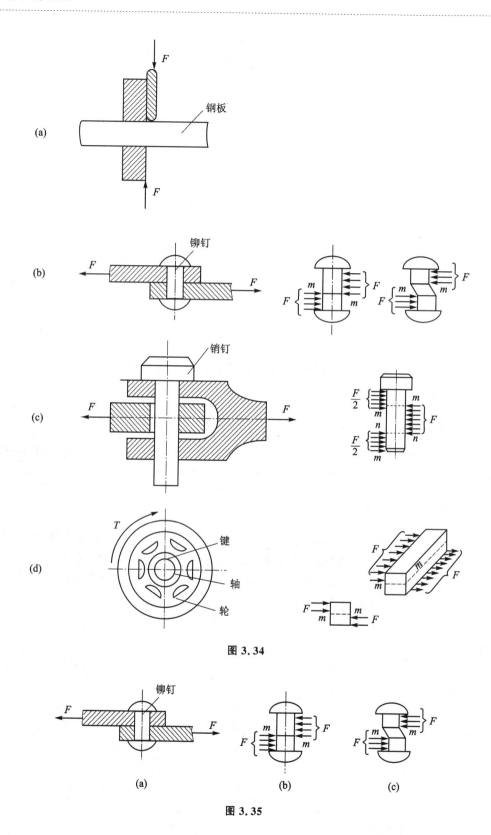

(a)

(b)

(c)

(d)

图 3.34

图 3.35

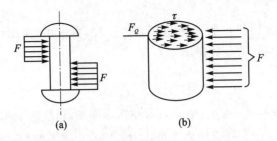

图 3.36

为了保证构件在工作时不发生剪切破坏,必须使构件的工作切应力小于或等于材料的许用切应力,即剪切的强度条件为

$$\tau = \frac{F_Q}{A} \leqslant [\tau] \qquad (3.19)$$

式中 $[\tau]$ 为材料的许用切应力,是根据试验得出的抗剪强度 τ_b 除以安全因数确定的。工程上常用材料的许用切应力,可从有关设计手册中查得。

剪切强度条件也可用来解决强度计算的三类问题:校核强度、设计截面和确定许可载荷。

虽然切应力是假定计算,但在剪切强度条件下,工作切应力 τ 和抗剪强度 τ_b,是在相似条件(即在测试极限应力时,使试件的受力情况尽可能与构件的实际承载情况相同)下,用同样的公式计算出的,故使用"实用计算法"算得的结果基本上符合实际情况,并且在强度计算时又考虑了适当的安全储备,所以此计算方法是可靠的,在工程上得到了广泛的应用。

3.7.3　挤压的实用计算

连接件除了承受剪切外,还在连接和被连接件的相互接触面上产生相互挤压的现象,称之为挤压,如图 3.37(a)所示。相互接触面称为挤压面,用 A_{bs} 表示,作用在接触面上的压力称为挤压力,用 F_{bs} 表示,挤压力垂直于挤压面。

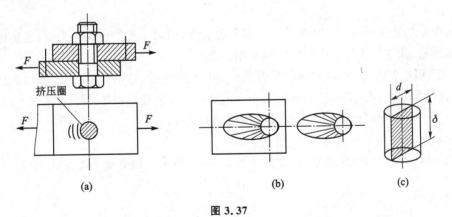

图 3.37

判断剪切面和挤压面应注意:剪切面是构件的两部分有发生相互错动趋势的平面;挤压面是两构件相互压紧部分的表面。

在挤压面上,由挤压力引起的应力称为挤压应力,用 σ_{bs} 表示。挤压应力是垂直于接触面的正应力。当挤压应力过大时,将会在两构件相互接触的局部区域产生过量的塑性变形,从而导致二者失效。

挤压应力在挤压面上的分布很复杂，和剪切力一样，也采用"实用计算法"，即认为挤压应力在挤压面上的分布是均匀的。故挤压应力为

$$\sigma_{bs} = \frac{F_{bs}}{A_{bs}}$$ (3.20)

式中，F_{bs} 表示挤压力，单位为 N；A_{bs} 表示有效挤压面面积，单位为 mm^2。

有效挤压面面积 A_{bs} 是实际挤压面在挤压力方向的正投影面积。有效挤压面面积 A_{bs} 的计算方法，要根据接触面的具体情况而定。

当挤压面为平面接触时（如连接齿轮与轴的键），其有效挤压面面积就是实际承压面积，即 $A_{bs} = \dfrac{hl}{2}$。

当挤压面为圆柱面接触时（如螺栓、铆钉等与孔间的接触面），挤压应力的分布情况如图 3.37(b) 所示，最大应力在圆柱面的中点。采用"实用计算法"，认为挤压应力在挤压面上的分布是均匀的，认为有效挤压面面积就是实际承压面积在垂直于挤压力的直径平面上的投影面积，即有效挤压面面积 $A_{bs} = d\delta$（见图 3.37(c) 中画阴影线的面积），d 为螺栓直径，δ 为钢板厚度。

在工程实际中，剪切作用和挤压作用几乎同时存在。挤压破坏导致的连接松动也会使机械产品不能正常工作。因此，受剪构件，除了进行剪切强度计算外，还要进行挤压强度计算。挤压强度条件为

$$\sigma_{bs} = \frac{F_{bs}}{A_{bs}} \leqslant [\sigma_{bs}]$$ (3.21)

式中 $[\sigma_{bs}]$ 为材料的许用挤压应力。材料的许用挤压应力 $[\sigma_{bs}]$，其数值由实验确定，设计时可查阅有关规范手册。

必须注意，如果两个相互挤压构件的材料不同，应对材料挤压强度较小的构件要进行校核计算。

上面介绍的实用计算方法从理论上看虽不够完善，但对一般的连接件来说，还是比较方便和切合实际的，故在工程计算中被广泛地应用。

【例 3.11】 如图 3.38(a) 所示的齿轮用平键与轴连接（齿轮未画出）。已知轴的直径 $d = 70\ mm$，键的尺寸 $b \times h \times l = 20\ mm \times 12\ mm \times 100\ mm$，传递的扭矩 $M_e = 2\ kN \cdot m$，键的许用应力 $[\tau] = 60\ MPa$，$[\sigma_{bs}] = 100\ MPa$，试校核键的强度。

解： ① 计算作用于键上的力。

取轴与键一起作为研究对象，其受力如图 3.38(a) 所示。由平衡条件 $\Sigma M_0(F) = 0$，得

$$F_P \times \frac{d}{2} - M_e = 0$$

$$F_P = \frac{2M_e}{d} = 57.14\ kN$$

② 校核剪切强度。

键的上半部分受力如图 3.38(c) 所示。由截面法得 n—n 剪切面上的剪力 F_Q 为

$$F_Q = F_P$$

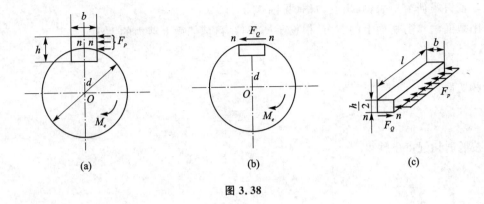

图 3.38

键的剪切面积为

$$A = bl = 2\,000 \text{ mm}^2$$

按切应力公式得

$$\tau = \frac{F_Q}{A} = \frac{57.14 \times 10^3}{2 \times 10^3} \text{ MPa} = 28.57 \text{ MPa} < [\tau] = 60 \text{ MPa}$$

故此键满足剪切强度条件。

③ 校核挤压强度。

如图 3.38(c)所示，右侧面上的挤压力为

$$F_{bs} = F_P = 57.14 \text{ kN}$$

挤压面积为

$$A_{bs} = \frac{h}{2} l = 600 \text{ mm}^2$$

由挤压应力公式得

$$\sigma_{bs} = \frac{F_{bs}}{A_{bs}} = \frac{57.14 \times 10^3}{600} \text{ MPa} = 95.23 \text{ MPa} < [\sigma_{bs}] = 100 \text{ MPa}$$

故此键挤压强度足够。因此整个键连接强度足够。

【例 3.12】　电瓶车挂钩由插销连接(见图 3.39(a))，插销材料为 20 钢。已知：挂钩部分的钢板厚度 $\delta_1 = \delta_3 = 20$ mm，$\delta_2 = 30$ mm，销钉与钢板的材料相同，许用切应力 $[\tau] = 60$ MPa，许用挤压应力 $[\sigma_{bs}] = 180$ MPa，电瓶车的拉力 $F = 100$ kN，试计算销钉直径。

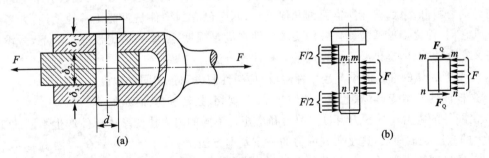

图 3.39

解：① 销钉的剪切强度计算。

取销钉为研究对象,画出受力图(见图 3.39(b))。

用截面法求剪切面上的剪力,根据平衡条件,得剪切面上剪力的大小:

$$F_Q = \frac{F}{2}$$

剪切面积为

$$A = \frac{\pi d^2}{4}$$

按照剪切强度条件得

$$\tau = \frac{F_Q}{A} \leqslant [\tau]$$

将 F_Q、A 代入上式得

$$\frac{\frac{F}{2}}{\frac{\pi d^2}{4}} \leqslant [\tau]$$

得销钉的直径:

$$d \geqslant \sqrt{\frac{2F}{\pi[\tau]}} = 32.6 \text{ mm}$$

选取 $d = 35$ mm

② 销钉的挤压强度计算。

销钉中段受到的挤压力为 $F_{bs} = F$,上段和下段受到的挤压力之和也为 F,但因 $\delta_2 < 2\delta_1$,故只需对中段进行强度计算。

$$\sigma_{bs} = \frac{F_{bs}}{A_{bs}} = \frac{F}{\delta_2 d} = 95.2 \text{ MPa} < [\sigma_{bs}] = 180 \text{ MPa}$$

所以,选取销钉直径 $d = 35$ mm 是安全的。

本章小结

1. 本章重点内容总结

① 材料力学的任务就是从保证所有构件能够正常工作的要求出发,帮助设计者合理地选择构件的材料和形状,确定所需要的几何尺寸;判断已有的构件是否能正常地使用,并考虑如何改进它们,使之能够适应新任务的要求。即在满足强度、刚度和稳定性的要求下,为设计既经济又安全的构件,提供必要的理论基础和计算方法。

② 变形固体的基本假设有连续性假设、均匀性假设和各向同性假设。

③ 杆件的基本变形包括:轴向拉伸与压缩、剪切、扭转和弯曲四种。

④ 杆件的内力包括轴力、扭矩、剪力和弯矩。不同的内力使变形体杆件产生不同的变形。求内力的方法是截面法,这是研究内力的一个基本方法。

⑤ 通过列静力学平衡方程可以求出内力的大小。

⑥ 轴向拉伸(压缩)杆件的强度校核。

⑦ 轴向拉伸(压缩)杆件的刚度校核。

2. 本章内容之间的内在联系及其与其他章节的关系

本章从材料力学的任务要求出发,在变形固体基本假设的基础上介绍了杆件的四种基本变形,并介绍了内力的概念以及求内力的方法。

对杆件的轴向拉伸(压缩)变形,要学会求解内力,会熟练画出内力图。

由于内力是以后各章的基础,要求不仅要深刻理解这一概念,而且还要熟练掌握求内力的方法,即截面法。截面法是研究内力的一种基本方法,贯穿材料力学的始终,是本章的重点之一。

3. 解题方法和步骤

求内力的方法是截面法,主要步骤如下:

① 截:假想地用一个平面将构件沿指定截面截成两部分;

② 取:舍弃一段,保留另一段;

③ 代:用内力代替舍弃段对保留段的作用,即将相应的内力标在保留段的截面上;

④ 平:对保留段列静力平衡方程,便可求得相应的内力。

4. 有关课题技巧总结

用截面法求构件任意截面上的内力时,主要步骤如下:

① 对静定结构先求出全部约束力;

② 用截面法切开构件,取任意一半为分离体,截面上的各未知内力分量一律设为正向;

③ 列平衡方程求出各内力分量的大小;

④ 确定截面数,注意正确分段,分段点截面又称为控制面;

⑤ 注意内力分量的正负符号规定:以变形定正负,与外力分量以坐标轴方向定正负不同。

习　题

一、填空题

1. 材料力学的任务就是研究构件的强度、刚度和稳定性,为构件选用适宜的_____,确定合理的_____和_____提供必要的理论基础和计算方法,以达到既安全又经济的要求。

2. 保证构件正常工作的基本要求:构件应具备足够的_____、_____和_____。

3. 材料力学研究的问题限于_____变形的情况,即认为构件受力后产生的变形远小于构件的原始尺寸。

4. 在外力撤除后能完全消除的变形称为_____变形。

5. 一圆截面轴向拉杆,若其轴向载荷不变,直径增加一倍,则其轴向应力是原来的_____。

6. 从拉压性能方面来说,低碳钢耐_____,铸铁耐_____。

7. 标距为 100 mm 的标准试件,直径为 10 mm,拉断后测得伸长后的标距为 123 mm,颈缩处的最小直径为 6.4 mm,则该材料的延伸率 $\delta=$_____,断面收缩率 $\psi=$_____。

8. 通常以_____作为脆性材料的极限应力,以_____作为塑性材料的极限应力。

9. 为了保证构件能够正常地工作和具有必要的安全储备,必须使构件的工作应力_____材料的极限应力。

10. 轴向拉伸(压缩)时,杆内最大正应力产生在_____截面上,最大切应力则产生在_____截面上。

11. 为了保证构件具有足够的强度,必须使危险截面的应力_____材料的许用应力。

二、判断题

1. 画整个物系的受力图时,物系的内力不应画出。(　　)

2. 内力的正负与所取截面位置有关。(　　)

3. 用截面法计算内力时,选取不同的研究对象,得到的内力正负号是相同的。(　　)

4. 应用胡克定律 $\sigma=E\varepsilon$ 时,应力应不超过材料的比例极限。(　　)

5. 强度指结构或构件抵抗变形的能力。(　　)

6. 刚度指结构或构件抵抗破坏的能力。(　　)

7. 稳定性指结构或构件保持原有平衡状态的能力。(　　)

8. 对物体进行内力分析和承载能力计算时必须将物体视为变形体。(　　)

9. 轴力是指杆件沿轴线方向的内力。(　　)

10. 内力图的叠加法是指内力图上对应坐标的代数相加。(　　)

11. 两根等长的轴向拉杆,截面面积相同,截面形状和材料不同,在相同外力作用下,它们相对应的截面上的内力不同。(　　)

12. 轴力越大,杆件越易被拉断,因此轴力的大小可以用来判断杆件的强度。(　　)

13. A、B 两杆的材料、横截面面积和载荷 F 均相同,但 $L_A>L_B$,所以 $\Delta L_A>\Delta L_B$(两杆均处于弹性范围内),因此有 $\varepsilon_A>\varepsilon_B$。(　　)

14. 圆截面轴向拉杆,若其直径增加一倍,则抗拉强度和刚度均是原来的 2 倍。(　　)

15. 由变形公式 $\Delta L=\dfrac{NL}{EA}$ 即 $E=\dfrac{NL}{A\Delta L}$ 可知,弹性模量 E 与杆长正比,与横截面面积成反比。(　　)

16. 工程上通常把延伸率 $\delta<5\%$ 的材料称为脆性材料。(　　)

17. 低碳钢的抗拉能力高于抗压能力。(　　)

18. 现有一被拉伸的 Q235 钢的试件,已知其比例极限 $\sigma_p=200$ MPa,弹性模量 $E=200$ GPa,当其线应变 $\varepsilon=0.002$ 时,则其横截面上的正应力 $\sigma=E\varepsilon=200\times10^3\times0.002=400$ MPa。(　　)

19. 截面法求内力时,内力的大小与材料无关,与截面的形状大小有关。(　　)

20. 作为脆性材料的极限应力是强度极限。(　　)

三、选择题

1. 轴向拉压杆件危险截面是(　　)的横截面。
　　A. 轴力最大　　　　　　　　　　B. 正应力最大
　　C. 面积最小　　　　　　　　　　D. 位移最大

2. 所谓强度,是指构件抵抗下面四种情况的哪一种能力(　　)。
　　A. 变形　　　　　　　　　　　　B. 扭转
　　C. 破坏　　　　　　　　　　　　D. 弯曲

3. 截面上的内力大小,(　　)。
　　A. 与截面的尺寸和形状无关　　　B. 与截面的尺寸有关,但与截面的形状无关

C. 与截面的尺寸和形状都有关　　　　D. 与截面的尺寸无关,但与截面的形状有关

4. 两根不同材料的等截面直杆,它们的截面积、长度都相等,承受相等的轴力,则二杆的
   应力和变形分别为(　　　)。
   A. 相等、不相等　　　　　　　　　　B. 不相等、相等
   C. 相等、相等　　　　　　　　　　　D. 不相等、不相等

5. 受拉杆如图 3.40 所示,其中在 BC 段内(　　　)。
   A. 有位移,无变形
   B. 有变形,无位移
   C. 既有位移,又有变形
   D. 既无位移,也无变形

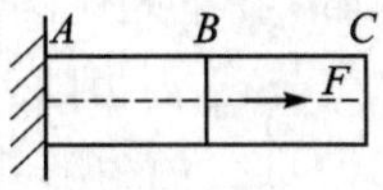

图 3.40

6. 若两等直杆的横截面面积均为 A,长度均为 L,两端所受轴
   向拉力 F 均相同,但材料不同,那么下列结论正确的是(　　　)。
   A. 两者轴力相同应力相同　　　　　B. 两者应变和伸长量相同
   C. 两者变形相同　　　　　　　　　D. 两者刚度不同

7. 钢材经过冷作硬化处理后,其性能的变化是(　　　)。
   A. 比例极限提高,塑性变形能力降低
   B. 弹性模量降低
   C. 比例极限降低,塑性变形能力降低
   D. 延伸率提高

8. 轴向受拉杆的变形特征是(　　　)。
   A. 轴向伸长横向缩短　　　　　　　B. 横向伸长轴向缩短
   C. 轴向伸长横向不变　　　　　　　D. 轴向伸长横向伸长

9. σ_p、σ_s 和 σ_b 分别代表材料的比例极限、屈服极限和强度极限。铸铁是脆性材料,它的
   强度指标为(　　　)。
   A. σ_p　　　　　　B. σ_s　　　　　　C. σ_b　　　　　　D. $\dfrac{\sigma_s+\sigma_b}{2}$

10. 当等截面直杆在两个外力的作用下发生压缩变形时,此时外力所具备的特点一定是
    等值(　　　)。
    A. 反向、共线　　　　　　　　　　B. 反向过截面形心
    C. 方向相对,作用线与杆轴线重合　D. 方向相对,沿同一直线作用

11. 轴向拉伸杆,正应力最大的截面和切应力最大的截面(　　　)。
    A. 分别是横截面,45°斜截面;　　　B. 都是横截面
    C. 分别是 45°斜截面,横截面;　　　D. 都是 45°斜截面

12. 设轴向拉伸杆横截面上的正应力为 σ_1,则 45°斜截面上的正应力和切应力(　　　)。
    A. 分别为 $\dfrac{\sigma_1}{2}$ 和 σ_1　　　　　　B. 均为 σ_1

    C. 分别为 σ_1 和 $\dfrac{\sigma_1}{2}$　　　　　　D. 均为 $\dfrac{\sigma_1}{2}$

13. 材料的塑性指标有(　　　)。

A. σ_b 和 δ B. σ_s 和 ψ

C. δ 和 ψ D. σ_p 和 ψ

14. 由变形公式 $\Delta L = \dfrac{NL}{EA}$ 即 $E = \dfrac{NL}{A\Delta L}$ 可知,弹性模量 E（　　　）。

     A. 与杆长,横截面面积无关   B. 与横截面面积成正比

     C. 与杆长成正比   D. 与横截面面积成反比

15. 在下列说法,（　　　）是正确的。

     A. 内力随外力增大而增大   B. 内力与外力无关

     C. 内力随外力的增大而减小   D. 内力沿杆轴是不变的

16. 一拉伸钢杆,弹性模量 $E = 200$ GPa,比例极限 $\sigma_p = 200$ MPa,今测得其轴部应变 $\varepsilon = 0.0015$,则横截面上的正应力（　　　）。

     A. $\sigma = E\varepsilon = 300$ MPa   B. $\sigma > 300$ MPa

     C. 200 MPa$< \sigma < 300$ MPa   D. $\sigma < 200$ MPa

17. 在连接件上,剪切面和挤压面分别（　　　）于外力方向。

     A. 垂直、平行   B. 平行、垂直

     C. 平行   D. 垂直

18. 在平板和受拉螺栓之间垫上一个垫圈,可以提高（　　　）强度。

     A. 螺栓的拉伸   B. 螺栓的剪切

     C. 螺栓的挤压   D. 平板的挤压

19. 低碳钢拉伸经过冷却硬化后,以下 4 种指标中哪种得到提高（　　　）。

     A. 强度极限   B. 比例极限

     C. 断面收缩率   D. 伸长率

20. 在一个平衡问题中,若未知力数个数（　　　）可以列出的独立平衡方程数,则该问题称为超静定问题。

     A. 小于   B. 等于

     C. 大于   D. 约等于

四、简答题

1. 构件的承载能力通常有哪些指标衡量?

2. 材料力学的基本假设有哪些?

3. 杆件变形的基本形式有几种?

4. 内力和应力的区别是什么?

5. 截面法求内力的步骤是什么?

6. 低碳钢的拉伸试验中,试件从开始到断裂的整个过程中,经过哪几个阶段? 有哪些变形现象?

7. 衡量材料强度的指标是什么?

8. 工程中怎样划分塑性材料和脆性材料?

9. 什么是安全系数? 通常安全系数的取值范围是如何确定的?

10. 安全系数能否小于或等于 1? 取值过大或过小会引起怎样的后果?

11. 若两杆的截面积 A、长度 l 和拉伸载荷 F 都相同,但所用的材料不同,问两杆的应力

及变形是否相同?

12. 正应力和切应力的区别是什么?

13. 什么是材料的冷作硬化现象? 冷作硬化现象在工程上有什么应用?

14. 简述工程中连接件受剪切时的受力特点和变形特点? 受挤压时的受力特点和变形特点?

五、计算题

1. 试求图 3.41 所示各杆的轴力,并画出轴力图。

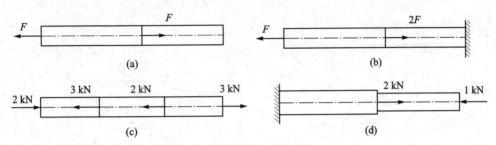

图 3.41

2. 图 3.42 所示为阶梯形圆截面杆,承受轴向载荷 $F_1 = 80$ kN 与 F_2 作用,AB 与 BC 段的直径分别为 $d_1 = 20$ mm 和 $d_2 = 30$ mm,如欲使 AB 与 BC 段横截面上的正应力相同,试求载荷 F_2 之值。

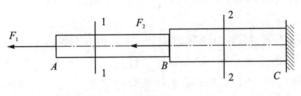

图 3.42

3. 图 3.43 所示为木杆,承受轴向载荷 $F = 16$ kN 作用,杆的横截面面积 $A = 1\ 600$ mm^2,粘接面的方位角 $\theta = 45°$,试计算该截面上的正应力与切应力,并画出应力的方向。

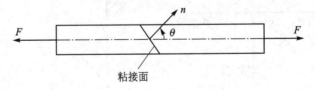

图 3.43

4. 如图 3.44 所示,一阶梯杆受轴向力 $F_1 = 25$ kN,$F_2 = 40$ kN,$F_3 = 15$ kN 的作用,杆的各段截面面积 $A_1 = A_3 = 400$ mm^2,$A_2 = 250$ mm^2。试求杆的各段横截面上的正应力。

5. 图 3.45 所示为桁架,杆 1 与杆 2 的横截面均为圆形,直径分别为 $d_1 = 30$ mm 与 $d_2 = 20$ mm,两杆材料相同,许用应力 $[\sigma] = 160$ MPa。该桁架在节点 A 处承受铅直方向的载荷 $F = 80$ kN 作用,试校核桁架的强度。

6. 图 3.46 所示支架,在节点 B 处悬挂一质量 $G = 20$ kN 的重物,杆 AB 及 BC 均为圆截面钢制件。已知杆 AB 的直径为 $d_1 = 20$ mm,杆 BC 的直径为 $d_2 = 40$ mm,杆的许用应力

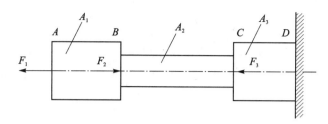

图 3.44

$[\sigma]=160$ MPa。试校核支架的强度。

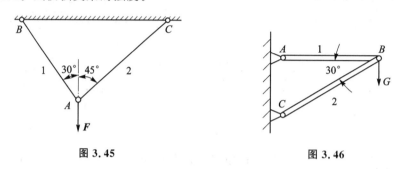

图 3.45

图 3.46

7. 如图 3.47 所示，AB 杆为钢杆，其横截面面积 $A_1=600$ mm²，许用应力 $[\sigma]_{AB}=140$ MPa；BC 杆为木杆，其横截面面积为 $A_2=3\times104$ mm²，许用应力 $[\sigma]_{BC}=3.5$ MPa。试求：G 的许可重量。

8. 如图 3.48 所示桁架，杆 1 为圆截面钢杆，杆 2 为方截面木杆，在节点 A 处承受铅直方向的载荷 F 作用，已知载荷 $F=60$ kN，钢杆的许用应力 $[\sigma_s]=200$ MPa，木杆的许用应力 $[\sigma_w]=20$ MPa。试确定钢杆的直径 d 与木杆截面的边宽 b。

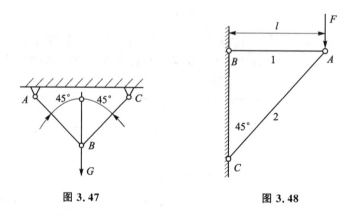

图 3.47

图 3.48

9. 如图 3.49 所示阶梯形杆 AC，$F=20$ kN，$l_1=l_2=400$ mm，其中 AB 杆截面积为 A_1，BC 杆截面积为 A_2，$A_1=A_2=100$ mm²，$E=100$ GPa，试计算杆 AC 的轴向变形 Δl。

10. 如图 3.50 所示两端固定等截面直杆，横截面的面积为 A，承受轴向载荷 F 作用，试计算杆内横截面上的最大拉应力与最大压应力。

11. 如图 3.51 所示结构，梁 BD 为刚体，杆 1 与杆 2 用同一种材料制成，横截面面积均为 $A=200$ mm²，许用应力 $[\sigma]=200$ MPa 载荷 $F=60$ kN，试校核杆的强度。

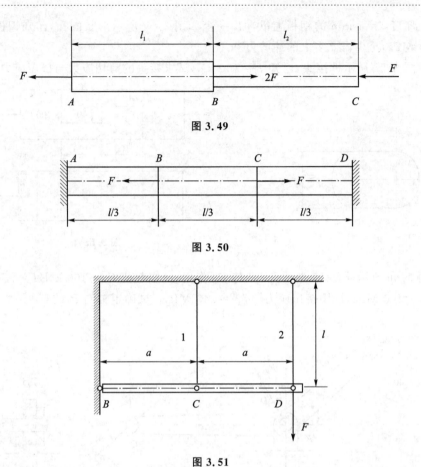

图 3.49

图 3.50

图 3.51

12. 如图 3.52 所示桁架,杆 1、杆 2 与杆 3 分别用铸铁、铜与钢制成,许用应力分别为 $[\sigma_1] = 120$ MPa,$[\sigma_2] = 100$ MPa,$[\sigma_3] = 180$ MPa,弹性模量分别为 $E_1 = 160$ GPa,$E_2 = 100$ GPa,$E_3 = 200$ GPa。若载荷 $F = 200$ kN,$A_1 = A_2 = 2A_3$,试确定各杆的横截面面积。

13. 螺栓受拉力 F 作用,尺寸如图 3.53 所示。若螺栓材料的拉伸许用应力为 $[\sigma]$,许用切应力为 $[\tau]$,按拉伸与剪切等强度设计,螺栓杆直径 d 与螺栓头高度 h 的比值应取多少?

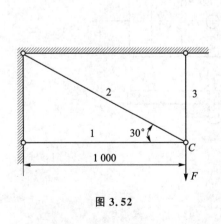

图 3.52

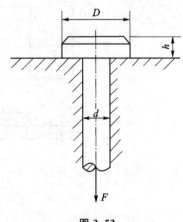

图 3.53

14. 在厚度 $\delta = 5$ mm 的钢板上欲冲出一个如图 3.54 所示形状的孔,已知钢板的抗剪强度 $\tau_b = 100$ MPa,至少需要多大的冲剪力?

15. 如图 3.55 所示榫接头,已知 $F = 100$ kN,试求接头的剪切应力与挤压应力。

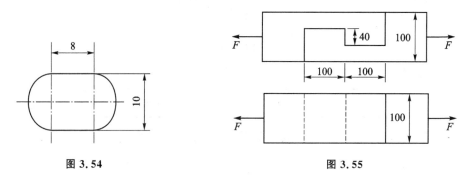

图 3.54   图 3.55

16. 图 3.56 所示摇臂,承受载荷 F_1 与 F_2 作用,已知载荷 $F_1 = 100$ kN, $F_2 = 70$ kN,许用切应力 $[\tau] = 100$ MPa,许用挤压应力 $[\sigma_{bs}] = 240$ MPa。试确定轴销 B 的直径 d。

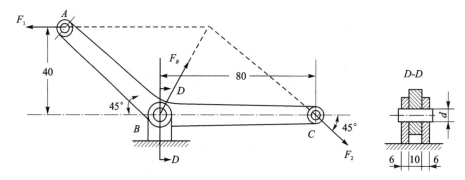

图 3.56

17. 图 3.57 所示连接结构承受轴向载荷。已知:载荷 $F = 100$ kN,板宽 $b = 80$ mm,板厚 $\delta = 10$ mm,铆钉直径 $d = 16$ mm,许用应力 $[\sigma] = 160$ MPa,许用切应力 $[\tau] = 120$ MPa,许用挤压应力 $[\sigma_{bs}] = 350$ MPa。板件与铆钉的材料相等。试校核接头的强度。

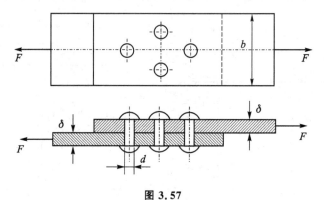

图 3.57

第4章　圆轴扭转的强度和刚度计算

知识目标

➤ 能够根据传动轴所传递的功率、转速计算外力偶矩。
➤ 熟练掌握计算圆轴横截面上的扭矩及绘制扭矩图的方法。
➤ 掌握圆轴扭转时横截面上切应力的分布规律。
➤ 熟练应用扭转的强度条件和刚度条件解决工程问题。

技能目标

➤ 能够熟练地计算扭矩和绘制扭矩图。
➤ 能够熟练应用扭转的强度条件和刚度条件解决工程问题。

4.1　圆轴扭转的扭矩及扭矩图

4.1.1　扭转的概念和实例

以扭转为主要变形的构件称为轴,截面形状为圆形的轴称为圆轴,圆轴在工程上是常见的一种受扭转的杆件。图4.1所示的汽车转向轴以及图4.2所示的攻螺纹丝锥,它们都是轴。

图 4.1

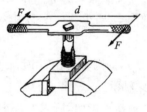

图 4.2

当轴发生扭转时,有如下特点。

① 受力特点:在杆件两端垂直于杆轴线的平面内,作用一对大小相等、方向相反的外力偶。

② 变形特点:杆件横截面的大小和形状不变,只是绕轴线发生相对转动,其角位移用 φ 表示,称为扭转角,我们用扭转角来衡量杆件扭转变形的程度。

我们把这种横截面绕轴线发生相对转动变形的形式称为扭转。

4.1.2　扭矩及扭矩图

在研究扭转构件的强度和刚度问题时,须先计算出作用在构件上的外力偶矩及横截面上的内力。

1. 外力偶矩的计算

通常外力偶矩用 M_e 表示。M_e 不是直接给出的,而是给出轴所传递的功率 P_k 和转速 n,这时可用下述方法计算作用于轴上的外力偶矩。

若 P_k 的单位为千瓦(kW),转速 n 的单位为 r/min,则

$$M_e \approx 9\ 549 \frac{P_k}{n} \quad (\text{N} \cdot \text{m}) \tag{4.1}$$

2. 扭矩及扭矩图

(1) 扭　矩

由静力平衡条件可知,圆轴扭转时横截面上内力的合力必定是一个力偶,这个内力偶矩称为扭矩,用 T 表示。

扭矩的正负符号规定:按右手螺旋法则,四指弯曲的方向与扭矩的旋转方向保持一致,大拇指的指向为该扭矩的矢量方向,矢量方向离开截面的扭矩为正,矢量方向指向截面的扭矩为负,如图 4.3 所示。

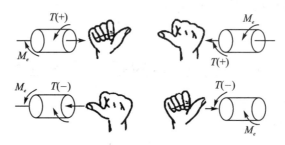

图 4.3

按照这一规定,圆轴上同一截面的扭矩(左与右)便具有相同的正负号。应用截面法求扭矩时,一般都采用设正法,即先假设截面上的扭矩为正,若计算所得的符合为负号则说明扭矩转向与假设方向相反。

现以图 4.4(a)所示的圆轴为例,用截面法研究其内力,假设作用在轴上的外力偶矩 M_e 已经确定。假想地将圆轴沿 n-n 截面分成左、右两部分,保留左部分作为研究对象,如图 4.4 (b)所示。由于整个轴是平衡的,所以左部分也处于平衡状态,这就要求截面 n-n 上的内力系必须归结为一个内力偶矩 T,且由左部分的平衡方程 $\Sigma M_x(F)=0$ 得

$$T - M_e = 0$$
$$T = M_e$$

按照右手螺旋法则,图 4.4(b)中所示扭矩 T 的符号为正。当保留右部分时,图 4.4(c)所得扭矩的大小、符号将与按保留左部分计算结果相同。这样就保证了,当在截面左右任意取一段时,同一截面处的扭矩的符号和大小均相同。

用截面法计算扭矩,在横截面上画扭矩时,按右手螺旋法则,大拇指离开截面为正;列平衡方程时,大拇指指向 x 轴正方向为正。

要注意:当轴上只在两端承受外力偶时,扭矩与其大小相等;当轴上有两个以上外力偶作用时,则必须应用截面法和平衡条件确定所求的截面上的扭矩,切不可将外力偶矩直接代入应力公式进行计算。

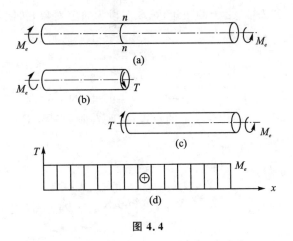

图 4.4

（2）扭矩图

当轴上作用有多个外力偶时,各横截面上的扭矩是不同的。为了确定最大扭矩的位置,以便分析危险截面,常须画出扭矩随截面位置变化的图线,这种图线称为扭矩图。其方法是用横坐标 x 表示横截面的位置,纵坐标 T 表示各横截面上的扭矩的大小,横坐标上方扭矩为正,下方扭矩为负。

【例 4.1】　一传动轴如图 4.5(a)所示,$n=300$ r/min,主动轮输入 $P_c=500$ kW,从动轮输出 $P_A=150$ kW,$P_B=150$ kW,$P_D=200$ kW,试绘制扭矩图。

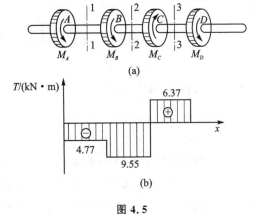

图 4.5

解：① 计算外力偶矩。

给出功率以 kW 为单位,根据式（4.1）有

$$M_A=M_B=9\ 549\ \frac{P_A}{n}=4\ 774.5\ \text{N} \cdot \text{m}$$

$$M_C=9\ 849\ \frac{P_C}{n}=15\ 915\ \text{N} \cdot \text{m}$$

$$M_D=9\ 549\ \frac{P_D}{n}=6\ 366\ \text{N} \cdot \text{m}$$

② 计算扭矩。

由图知,外力偶矩的作用位置将轴分为三段：AB、BC、CD。现分别在各段中任取一横截面也就是用截面法,根据平衡条件计算其扭矩。截面上的扭矩正负按设正法设定。

AB 段：以 T_1 表示截面 1—1 上的扭矩,选取左段为研究对象,扭矩正负按设正法设定,列平衡方程：

$$\Sigma M_x(F)=0$$

$$T_1+M_A=0$$

$$T_1=-M_A=-4\ 774.5\ \text{N} \cdot \text{m}$$

BC 段:以 T_2 表示截面 2—2 上的扭矩,选取左段为研究对象,扭矩正负按设正法设定,列平衡方程:

$$\Sigma M_x(F)=0$$
$$T_2+M_A+M_B=0$$
$$T_2=-M_A-M_B=-9\,549\ \text{N} \cdot \text{m}$$

在 CD 段内:以 T_3 表示截面 3—3 上的扭矩,选取右段为研究对象,扭矩正负按设正法设定,列平衡方程:

$$\Sigma M_x(F)=0$$
$$-T_3+M_D=0$$
$$T_3=M_D=6\,366\ \text{N} \cdot \text{m}$$

③ 绘制扭矩图。

根据所得数据,即可画出扭矩图,如图 4.5(b)所示。因为在每一段内扭矩是不变的,故扭矩图由三段水平线段组成。由扭矩图可知,最大扭矩发生在 BC 段内,且 $T_{n,\max}=-9\,549\ \text{N} \cdot \text{m}$。

4.2 圆轴扭转的应力与强度计算

4.2.1 圆轴扭转时的应力

进行圆轴扭转强度计算时,当求出横截面上的扭矩后,还应进一步研究横截面上的应力分布规律,以便求出最大应力。

1. 切应力在横截面上的分布

如图 4.6 所示,在圆轴的表面上画出很多等距的圆周线和与轴线平行的纵向线,形成大小相等的矩形方格。当圆轴扭转时,可以观察到:

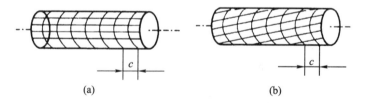

(a)   (b)

图 4.6

① 对于整个圆轴而言,它的尺寸和形状基本上没有变动;

② 各圆周线仍然保持为垂直于轴线的圆环线,各圆环线的间距也没有改变,各圆环线所代表的横截面都好像是"刚性转盘"一样,只是绕轴线旋转了一个角度;

③ 各纵向线均倾斜了同一角度,轴表面上的矩形小方格变成了平行四边形。

根据从试验观察到的现象,可对圆轴扭转做出如下基本假设:在变形微小的情况下,轴在扭转变形时,轴长没有改变;每个截面都发生相对其他截面的转动,但截面仍保持为平面,其大小、形状都不改变。这个假设就是圆轴扭转时的平面假设。

根据平面假设,可得如下结论:因为各截面的间距均保持不变,故横截面上没有正应力;由于各截面绕轴线相对转过一个角度,即横截面间发生了相对错动,故横截面上有切应力(也称剪应力)存在;因半径长度不变,切应力方向必与半径垂直;圆心处变形为零,圆轴表面的变形最大。

2. 切应力的分布图

实心圆轴横截面上任意点的切应力与该点所在的圆周半径成正比,方向与过该点的半径垂直,指向与扭矩 T 一致,在半径最大处切应力最大,圆心处切应力为零。实心圆轴切应力的分布规律如图 4.7(a)所示。空心圆轴切应力的分布规律如图 4.7(b)所示。

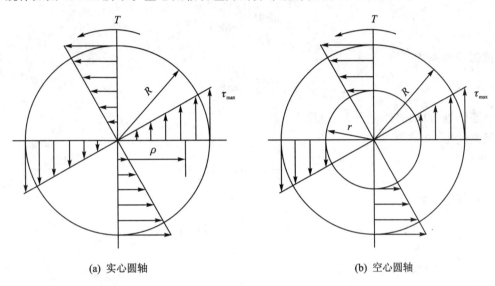

(a) 实心圆轴　　　　　　　　　　　(b) 空心圆轴

图 4.7

3. 切应力的计算公式

切应力计算公式可由几何关系、力学知识等导出。圆轴扭转时横截面上任意点处的切应力计算公式为

$$\tau_\rho = \frac{T\rho}{I_P} \tag{4.2}$$

式中, τ_ρ ——横截面上任意点的切应力,单位为 N/mm^2;

　　　 T ——横截面上的扭矩,单位为 $N \cdot m$;

　　　 ρ ——截面任意点到圆心的距离,单位为 mm;

　　　 I_P ——截面的极惯性矩,单位为 mm^4,与截面的形状和尺寸有关。

由上式可见,截面上各点切应力的大小与该点到圆心的距离成正比,并沿半径方向呈线性分布,轴圆周边缘的切应力最大,切应力分布规律如图 4.7 所示。

显然,实心圆轴,当 $\rho=0$ 时, $\tau=0$;当 $\rho=R$ 时,切应力值最大。空心圆轴在空心处没有切应力,切应力值最大处仍然是空心圆轴的半径最大处。

$$\tau_{max} = \frac{TR}{I_P}$$

令 $W_P = \dfrac{I_P}{R}$,则

$$\tau_{max} = \frac{T}{W_P} \tag{4.3}$$

式中,W_P——圆轴的抗扭截面系数,单位为 mm^3。

4. 圆截面的极惯性矩和抗扭截面系数

通常机器中的轴,采用实心轴或空心轴两种形状。它们的极惯性矩 I_P 和抗扭截面系数 W_P 的计算公式如下:

实心圆轴(设直径为 D)

极惯性矩

$$I_P = \frac{\pi D^4}{32} \approx 0.1 D^4$$

抗扭截面系数

$$W_P = \frac{\pi D^3}{16} \approx 0.2 D^3$$

空心圆轴(设轴的外径为 D、内径为 d)

极惯性矩

$$I_P = \frac{\pi D^4}{32}(1 - \alpha^4) \approx 0.1 D^4 (1 - \alpha^4)$$

抗扭截面系数

$$W_P = \frac{\pi D^3}{16}(1 - \alpha^4) \approx 0.2 D^3 (1 - \alpha^4)$$

式中,$\alpha = \dfrac{d}{D}$ 为圆轴内、外直径的比值。

由公式可知,圆轴的抗扭截面系数 W_P,是与截面形状和尺寸有关的量。

4.2.2 圆轴扭转时的强度条件

1. 强度条件

圆轴扭转时横截面上的最大工作切应力 τ_{max} 不得超过材料的许用切应力 $[\tau]$,即

$$\tau_{max} = \frac{T_n}{W_{Pn}} \leqslant [\tau] \tag{4.4}$$

式中:T_n——危险截面上的扭矩(扭矩取绝对值);

W_{Pn}——危险截面上的抗扭截面系数;

$[\tau]$——许用切应力,它由扭转实验测定,设计时可查阅有关手册。

式(4.4)称为圆轴扭转时的强度条件。

2. 强度计算

利用强度条件可以解决工程中轴设计的三类问题,即强度校核,设计截面尺寸和确定许用载荷。

(1)校核扭转强度

① 如 $\tau_{max} \leqslant [\tau]$,强度足够。

② 如 $\tau_{max} > [\tau]$,强度不够。

对于等截面圆轴,从轴的受力情况或由扭矩图可以确定最大扭矩 T_{max},最大切应力 τ_{max} 发生于 T_{max} 所在截面的边缘上。因而强度条件可改写为

$$\tau_{\max} = \frac{T_{\max}}{W_P} \leqslant [\tau] \tag{4.5}$$

对变截面杆,如阶梯轴、圆锥形杆等,W_P 不是常量,$\tau_{\max}$ 并不一定发生在扭矩为极值 $T_{\max}$ 的截面上,这要综合考虑扭矩 T 和抗扭截面系数 W_P 两者的变化情况来确定 $\tau_{\max}$。

（2）设计截面尺寸

在满足强度的前提下,设计圆轴直径。由强度条件可知,与直径有关的量是 W_{Pn},即

$$W_{Pn} \geqslant \frac{T_n}{[\tau]} \tag{4.6}$$

（3）确定许可载荷

$$T_n \leqslant W_{Pn}[\tau] \tag{4.7}$$

首先计算出危险截面上的扭矩 T_n,再根据轴上外力偶的作用情况,就可以确定轴所承受的许可载荷（或传递功率）。

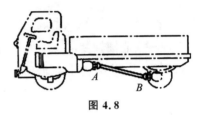

图 4.8

【例 4.2】　由无缝钢管制成的汽车传动轴 AB（见图 4.8),外径 $D_2 = 90$ mm,壁厚 $t = 2.5$ mm,材料为 Q235。使用时的最大扭矩为 $T = 1.5$ kN·m。若材料的许用切应力 $[\tau] = 60$ MPa,试校核 AB 轴的强度。

解：① 计算扭矩。

已知使用时的最大扭矩为 $T_{\max} = 1.5$ kN·m $= 1.5 \times 10^6$ N·mm

② 计算抗扭截面系数。

$$\alpha = \frac{d_2}{D_2} = 0.944$$

$$W_P = \frac{\pi D_2^3}{16}(1 - \alpha^4) = 29\ 472\ \text{mm}^3$$

③ 计算最大应力。

轴的最大切应力为

$$\tau_{\max} = \frac{T_{\max}}{W_P} = \frac{1.5 \times 10^6}{29\ 472}\ \text{MPa} = 51\ \text{MPa}$$

④ 强度校核。

$$\tau_{\max} = 51\ \text{MPa} < [\tau]$$

所以 AB 轴满足强度条件。

【例 4.3】　若把例 4.2 中的传动轴改为实心轴,要求它与原来的空心轴强度相同。试确定其直径,并比较空心轴和实心轴的质量。（注：实心轴直径为 D_1;空心轴外径为 D_2,内径为 d_2。）

解：① 计算扭矩。

已知使用时的最大扭矩为 $T_{\max} = 1.5$ kN·m $= 1.5 \times 10^3$ N·m

② 计算最大应力。

因为要求与例 4.2 中的空心轴强度相同,故实心轴的最大切应力也应为 51 MPa,即

$$\tau_{\max} = 51\ \text{MPa}$$

③ 计算实心轴直径。

若设实心轴的直径为 D_1,则

$$\tau_{max} = \frac{T_{max}}{W_P} = \frac{1.5 \times 10^3}{\frac{\pi}{16} D_1^3} \ \mathrm{Pa} = 51 \times 10^6 \ \mathrm{Pa}$$

$$D_1 = \left(\frac{1.5 \times 10^3 \times 16}{\pi \times 51 \times 10^6}\right)^{\frac{1}{3}} \ \mathrm{m} = 0.053 \ 1 \ \mathrm{m}$$

④ 计算实心圆轴和空心轴横截面面积。

$$A_1 = \frac{\pi D_1^2}{4} = \frac{\pi \times 0.053 \ 1^2}{4} \ \mathrm{m}^2 = 22.1 \times 10^{-4} \ \mathrm{m}^2$$

$$A_2 = \frac{\pi(D_2^2 - d_2^2)}{4} = \frac{\pi}{4} \times (90^2 - 85^2) \times 10^{-6} \ \mathrm{m}^2 = 6.87 \times 10^{-4} \ \mathrm{m}^2$$

⑤ 计算实心圆轴和空心轴的质量之比。

在两轴长度相等,材料相同的情况下,两轴质量之比等于横截面面积之比。

$$\frac{G_2}{G_1} = \frac{V_2}{V_1} = \frac{A_2}{A_1} = 0.31$$

可见在载荷相同的条件下,空心轴的质量只为实心轴的 31%,其减轻重量节约材料的效果是非常明显的。

3. 影响强度的因素和提高强度的措施

扭转的强度条件 $\tau_{max} = \frac{T_{max}}{W_P} \leqslant [\tau]$ 是设计圆轴的主要依据,由此可得出影响扭转强度的主要因素是 T_{max} 和 W_P。在工程设计中,可采取合理的加载方式、合理的截面形状等措施,以达到提高圆轴强度的目的。

(1) 合理的加载方式

在对圆轴进行设计时,在结构设计允许的情况下,应尽量避免最大载荷布置在轴的端部,以降低圆轴扭转时横截面上的 T_{max}。如图 4.9(b)就比图 4.9(a)的载荷布置方案合理,这样布置可同时达到降低工作应力、减小变形和提高圆轴强度的目的。

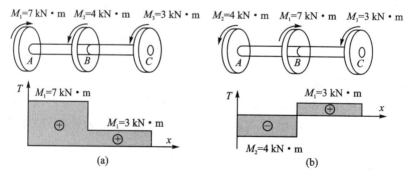

图 4.9

(2) 合理的截面形状

圆轴采用空心轴可以节省大量材料,减轻自重,提高承载能力。这是因为圆轴扭转时,切应力在横截面上是线性分布的,圆心处为零。当圆周上达到最大切应力值时,中心部分的应力仍较小,材料并没有得到充分利用。如果将中心部分材料移到离圆心较远的位置,使其成为空心轴,可明显地增大截面的极惯性矩 I_P,增大了扭转截面系数 W_P。这样,自然就提高了材料的利用率,从而达到提高圆轴强度的目的。

要注意的是,虽然用空心轴代替实心轴不仅节约材料,还可以减轻重量。但是,并不是说所有的轴都要做成空心的。对一些直径较小的轴,如加工成空心轴,则因加工工序增加或加工困难,反而会增加成本,造成浪费。

4.3　圆轴扭转的变形与刚度计算

在工程中,圆轴扭转时除了要满足强度条件外,有时还要满足刚度条件。扭转的刚度条件就是限定单位长度扭转角 φ 的最大值不得超过规定的允许值 $[\varphi]$。

4.3.1　圆轴扭转的变形

工程设计中,对于承受扭转变形的圆轴,除了要求足够的强度外,还要求有足够的刚度。即要求轴在弹性范围内的扭转变形不能超过一定的限度。例如,机床的传动丝杠,其相对扭转角不能超过规定值,否则将会影响加工的准确性,降低加工精度。因此,对某些重要的轴或者传动精度要求较高的轴,均要进行扭转变形计算。

圆轴扭转变形时,任意两横截面产生相对角位移,称为扭转角 ϕ,扭转角过大,轴将产生过大的扭转变形,影响机器的精度和使用寿命。由图 4.10 所示的圆轴扭转变形可以看出,两横截面相距越远,它的扭转角 ϕ 就越大。因此,扭转角的大小与轴的长度 l 和扭矩 T 成正比。

图 4.10

引入剪切弹性模量 G:它表征材料抵抗切应变的能力,G 值大,则表示材料的刚性强。G 是材料常数,为剪切应力与应变的比值。

通过分析轴的扭转变形可以得到圆轴两端相对扭转角:

$$\phi = \frac{Tl}{GI_p}$$

GI_p 称为圆轴的抗扭刚度,定义为剪切弹性模量(也称为切变模量)与极惯性矩乘积。GI_p 越大,则扭转角 ϕ 越小,故 GI_p 称为圆轴的抗扭刚度。

4.3.2　圆轴扭转时的刚度条件

用 φ 表示单位长度扭转角,有

$$\varphi = \frac{\phi}{l} = \frac{T}{GI_P}$$

为保证轴的刚度,通常规定单位长度扭转角的最大值 φ_{max},不得超过许用单位长度扭转角

$[\varphi]$,即

$$\varphi_{\max} = \left(\frac{T}{GI_P}\right)_{\max} \leqslant [\varphi] \tag{4.8}$$

φ 的单位为 rad/m。

式(4.8)称为圆轴扭转时的刚度条件。

利用圆轴扭转的刚度条件可以解决圆轴设计的三类问题:刚度校核,截面尺寸设计和确定许用载荷。

工程中,$[\varphi]$ 的单位习惯上用(°)/m 给出。故将式(4.8)改写为

$$\varphi_{\max} = \left(\frac{T}{GI_P}\right)_{\max} \times \frac{180°}{\pi} \leqslant [\varphi] \tag{4.9}$$

$[\varphi]$ 的数值可由有关手册查出。下面给出几个参考数据:

精密机器的轴: $\qquad [\varphi] = 0.25 \sim 0.50 (°)/\text{m}$

一般传动轴: $\qquad [\varphi] = 0.5 \sim 1.0 (°)/\text{m}$

精度要求不高的轴: $\qquad [\varphi] = 1.0 \sim 2.5 (°)/\text{m}$

一般机械设备中的轴,先按强度条件确定轴的尺寸,再按刚度要求进行刚度校核。精密机器对轴的刚度要求很高,往往其截面尺寸的设计是由刚度条件控制的。

【例4.4】 一心轴传递的功率 $P = 150 \text{ kW}$,$n = 300 \text{ r/min}$,$[\varphi] = 0.5 (°)/\text{m}$,如果轴的内外径比 $\alpha = 0.5$,$[\tau] = 40 \text{ MPa}$,$G = 80 \text{ GPa}$,试设计轴的外径 D。

解:

① 计算外力偶矩。

$$M_e = 9\,549 \frac{P}{n} = 9\,549 \times \frac{150}{300} \text{ N} \cdot \text{m} = 4\,774.5 \text{ N} \cdot \text{m}$$

② 由强度设计直径 D_1。

$$W_p = \frac{\pi D_1^3}{16}(1 - \alpha^4)$$

$$\tau_{\max} = \frac{T_{\max}}{W_p} \leqslant [\tau]$$

$$D_1 \geqslant \sqrt[3]{\frac{16T}{\pi[\tau](1-\alpha^4)}} = \sqrt[3]{\frac{16 \times 4\,774.5}{\pi \times 40 \times 10^6 \times (1-0.5^4)}} \text{ m}$$

$$= 86.6 \times 10^{-3} \text{ m} = 86.6 \text{ mm} \approx 87 \text{ mm}$$

③ 由刚度设计直径 D_2。

$$I_P = \frac{\pi D_2^4}{32}(1 - \alpha^4)$$

$$\varphi_{\max} = \left(\frac{T}{GI_P}\right)_{\max} \times \frac{180°}{\pi} \leqslant [\varphi]$$

$$D_2 \geqslant \sqrt[4]{\frac{32 \times 180 T}{\pi^2 G[\varphi](1-\alpha^4)}} = \sqrt[4]{\frac{32 \times 180 \times 4\,774.5}{\pi^2 \times 80 \times 10^9 \times 0.5 \times (1-0.5^4)}} \text{ m}$$

$$= 92.9 \times 10^{-3} \text{ m} = 92.9 \text{ mm} \approx 93 \text{ mm}$$

由计算结果得出,为了保证轴既有足够的强度,又有足够的刚度,所求的直径取两者中的较大者,即取轴的外径为 $D \geqslant D_2$,可取 $D = 95 \text{ mm}$。

4.3.3　影响刚度的因素和提高刚度的措施

从圆轴扭转的刚度条件 $\varphi_{\max}=\left(\dfrac{T}{GI_P}\right)_{\max}\times\dfrac{180°}{\pi}\leqslant[\varphi]$，可以得出影响圆轴刚度的主要因素是 T 和 GI_P。要提高圆轴刚度的措施，须从以下两方面考虑：

（1）合理安排轮系

在对传动轴进行设计时，在结构设计允许的情况下，应尽量避免最大载荷布置在轴的端部，以降低圆轴扭转时横截面上的 T，例如图 4.9(b)就比图 4.9(a)的载荷布置方案更合理，可达到减小变形，提高刚度的目的。

（2）选用空心轴

在对传动轴进行设计时，在强度条件许可下尽量选用空心轴，这样不仅可以节省大量材料，减轻自重，同时也起到了增大 GI_P，提高刚度的目的。

本章小结

1. 扭矩及扭矩图

（1）扭　矩

由静力平衡条件可知，圆轴扭转时横截面上内力的合力必定是一个力偶，这个内力偶矩称为扭矩或转矩，用 T 表示。扭矩的正负符号规定：按右手螺旋法则，四指弯曲的方向与扭矩的旋转方向保持一致，大拇指的指向为该扭矩的矢量方向，矢量方向离开截面的扭矩为正，矢量方向指向截面的扭矩为负。

（2）扭矩图

当轴上作用有多个外力偶时，各横截面上的扭矩是不同的。为了确定最大扭矩的位置，方便确定危险截面，须要画扭矩图分析。

2. 切应力的计算公式

圆轴扭转时，横截面上任意点处的切应力计算公式为

$$\tau_\rho=\frac{T\rho}{I_\rho}$$

（1）实心圆轴（设直径为 D）

I_P 为截面的极惯性矩，单位为 mm^4，与截面的形状和尺寸有关。

$$I_P=\frac{\pi D^4}{32}\approx 0.1D^4$$

W_P 为圆轴的抗扭截面系数，单位为 mm^3。

$$W_P=\frac{\pi D^3}{16}\approx 0.2D^3$$

（2）空心圆轴（设轴的外径为 D、内径为 d）

极惯性矩

$$I_P=\frac{\pi D^4}{32}(1-\alpha^4)\approx 0.1D^4(1-\alpha^4)$$

抗扭截面系数

$$W_P = \frac{\pi D^3}{16}(1-\alpha^4) \approx 0.2D^3(1-\alpha^4)$$

式中,α 为圆轴内、外直径的比值。

3. 圆轴扭转时的强度条件

圆轴扭转时横截面上的最大工作切应力 τ_{max} 不得超过材料的许用切应力 $[\tau]$,即

$$\tau_{max} \leqslant [\tau]$$

4. 影响强度的因素和提高强度的措施

① 合理的加载方式。

② 合理的截面形状。

5. 圆轴扭转时的刚度条件

为保证轴的刚度,通常规定单位长度扭转角的最大值 φ_{max} 不得超过许用单位长度扭转角 $[\varphi]$,即

$$\varphi_{max} = \left(\frac{T}{GI_P}\right)_{max} \leqslant [\varphi]$$

$[\varphi]$ 的数值可由有关手册查出。下面给出几个参考数据:

精密机器的轴: $\qquad [\varphi] = 0.25 \sim 0.50(°)/m$

一般传动轴: $\qquad [\varphi] = 0.5 \sim 1.0(°)/m$

精度要求不高的轴: $\qquad [\varphi] = 1.0 \sim 2.5(°)/m$

6. 影响刚度的因素和提高刚度的措施

从圆轴扭转的刚度条件 $\varphi_{max} = \left(\dfrac{T}{GI_P}\right)_{max} \times \dfrac{180°}{\pi} \leqslant [\varphi]$,可以得出影响圆轴刚度的主要因素是 T 和 GI_P。要提高圆轴刚度的措施,须从以下两方面考虑:

① 合理安排轮系。

② 选用空心轴。

习　题

一、填空题

1. 在材料力学中,为了简化对问题的研究,特对变形固体作出如下三个假设:_____,_____,_____。

2. 圆轴扭转时,横截面上各点只有切应力,其作用线_____,同一半径的圆周上各点切应力_____。

3. 已知实心圆轴横截面扭矩 T,画出横截面上的切应力分布图_____。

4. 已知空心圆轴横截面外力偶矩 M,画出横截面上切应力分布图_____。

5. 当实心圆轴的直径增加 1 培时,其抗扭强度增加到原来的_____倍,抗扭刚度增加原来的_____倍。

6. 直径 $D=50$ mm 的圆轴,受扭矩 $T=2.15$ kN·m,该圆轴横截面上距离圆心 10 mm 处的剪应力 $\tau=$_____,最大剪应力 $\tau_{max}=$_____。

7. 一根空心轴的内外径分别为 d，D，当 $D=2d$ 时，其抗扭截面模量为_____。

8. 直径和长度均相等的两根轴，在相同的扭矩作用下，而材料不同，它们的 τ_{max} 是_____同的，扭转角 φ 是_____同的。

9. 等截面圆轴扭转时的单位长度扭转角为 θ，若圆轴直径增大一倍，则单位长度扭转角将变为_____。

10. GI_P 称为圆轴的抗扭刚度，GI_P 越大，则扭转角 ϕ 越_____。

11. 扭矩的正负符号规定：按右手螺旋法则，矢量方向_____截面的扭矩为正，矢量方向_____截面的扭矩为负。

12. 扭转角过大，轴将产生_____的扭转变形，影响机器的精度和_____。

二、判断题

1. 单级减速机中两轴的直径与其转速成正比，即高速轴的直径大，低速轴的直径小。（　　）

2. 空心圆轴扭转时，横截面上的空心处肯定有切应力分布。（　　）

3. 当传递的功率不变时，降低轴的转速可提高轴的强度和刚度。（　　）

4. 由于空心轴承载能力大且节省材料，所以工程实际中的轴全都是空心轴。（　　）

5. 单纯承受扭转载荷的圆杆，其横截面的大小和形状不变。（　　）

6. 圆轴扭转时横截面上内力的合力必定是一个力偶。（　　）

7. 受扭圆轴在横截面上无正应力。（　　）

8. 扭转角的大小与轴的长度 l 和扭矩 T 成正比。（　　）

9. 许用单位长度扭转角 $[\varphi]$ 除和材料有关，还和杆件使用情况有关。（　　）

10. 受扭圆轴在横截面上无正应力。（　　）

三、选择题

1. 直径为 D 的实心圆轴，两端受扭转力矩作用，轴内最大切应力为 τ，若轴的直径改为 $D/2$，则轴内的最大切应力为（　　）。

    A. 2τ　　　　　　　　　　　　B. 8τ

    C. 4τ　　　　　　　　　　　　D. 16τ

2. 根据小变形条件，可以认为（　　）。

    A. 构件不变形　　　　　　　　　B. 构件不破坏

    C. 构件仅发生弹性变形　　　　　D. 构件的变形远小于其原始尺寸

3. 实心圆轴受扭，若将轴的直径减小一半，则圆轴的扭转角是原来的多少倍？（　　）

    A. 2 倍　　　　　　　　　　　　B. 4 倍

    C. 8 倍　　　　　　　　　　　　D. 16 倍

4. 如图 4.11 所示空心圆受扭时，横截面上的切应力分布图正确的是（　　）。

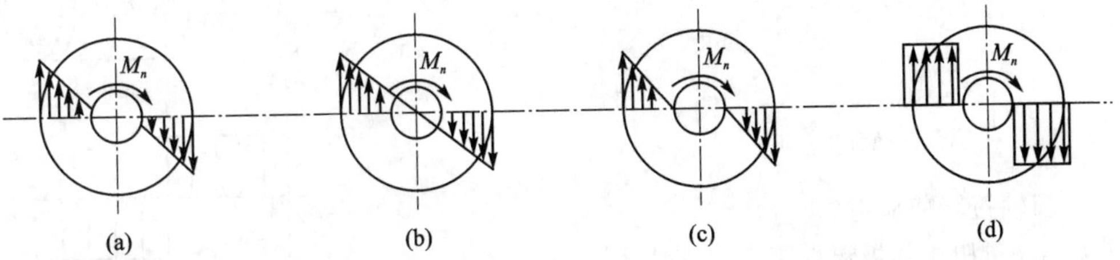

图 4.11

A.（a）　　　　　　　　　　　　B.（b）

C.（c）　　　　　　　　　　　　D.（d）

5. 受扭空心圆轴($\alpha=d/D$)，在横截面积相等的条件下，下列承载能力最大的轴是（　　）。

A. $\alpha=0$(实心轴)　　　　　　B. $\alpha=0.5$

C. $\alpha=0.6$；　　　　　　　　D. $\alpha=0.8$

6. 直径为 D 的实心圆轴，最大的容许扭矩为 T_n，若将轴的横截面积增加一倍，则其最大容许扭矩为（　　）。

A. $\sqrt{2}\,T_n$　　　　　　　　B. $2T_n$

C. $2\sqrt{2}\,T_n$　　　　　　　　D. $4T_n$

7. 受扭圆轴，当横截面上的扭矩 T 不变，而直径增大一倍时，该横截面的最大切应力与原来的最大切应力之比为（　　）。

A. 1/2　　　　　　　　　　　　B. 1/4

C. 1/8　　　　　　　　　　　　D. 1/16

8. 一圆轴用碳钢制作，校核其扭转刚度时，发现单位长度扭转角超过了许用值。为保证此轴的扭转刚度，采用哪种措施最有效（　　）。

A. 改用合金钢材料　　　　　　B. 增加表面光洁度

C. 增加轴的直径　　　　　　　D. 减小轴的长度

9. 为保证轴的刚度，通常规定单位长度扭转角的最大值 φ_{max}（　　）许用单位长度扭转角 $[\varphi]$。

A. 必须大于　　　　　　　　　B. 不得超过

C. 可以大于　　　　　　　　　D. 必须等于

10. 圆轴受扭转时，传递功率不变，仅当转速增大一倍时，最大切应力为（　　）。

A. 增加一倍　　　　　　　　　B. 增加两倍

C. 减小两倍　　　　　　　　　D. 减小一倍

11. 圆轴扭转时，若已知轴的直径为 d，所受扭矩为 T，试问轴内的最大切应力 τ_{max} 和最大正应力 σ_{max} 各为（　　）。

A. $\tau_{max}=\dfrac{16T}{\pi d^3}$，$\sigma_{max}=0$　　　　B. $\tau_{max}=\dfrac{32T}{\pi d^3}$，$\sigma_{max}=0$

C. $\tau_{max}=\dfrac{16T}{\pi d^3}$，$\sigma_{max}=\dfrac{32T}{\pi d^3}$　　D. $\tau_{max}=\dfrac{16T}{\pi d^3}$，$\sigma_{max}=\dfrac{16T}{\pi d^3}$

12. 如图 4.12 所示截面 C 处扭矩的突变值为（　　）。

A. M_A

B. M_C

C. M_A+M_C

D. $\dfrac{1}{2}(M_A+M_C)$

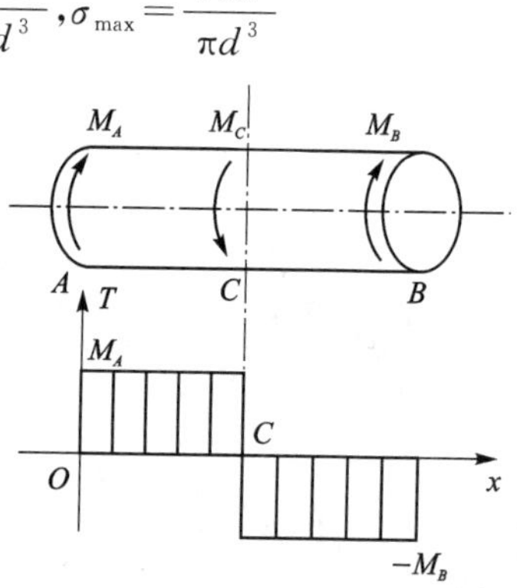

图 4.12

13. 圆轴扭转剪应力（　　）。

A. 与扭矩和极惯性矩都成正比

B. 与扭矩成反比与极惯性矩成正比

C. 与扭矩成正比与极惯性矩成反比

D. 与扭矩和极惯性矩都成反比

14. 一空心钢轴外径 D_1 和一实心铝轴的直径 D_2 相等,比较两者的抗扭截面模量 W_P 的大小,说法正确的是(　　)。

A. 空心钢轴的较大　　　　　　　　B. 实心铝轴的较大

C. 其值一样大　　　　　　　　　　D. 其大小与轴的剪切弹性模量 G 有关

15. 用同一材料制成的实心圆轴和空心圆轴,若长度和横截面面积均相同,则抗扭刚度较大的是(　　)。

A. 实心圆轴　　　　　　　　　　　B. 空心圆轴

C. 两者一样　　　　　　　　　　　D. 无法判断

四、简答题

1. 什么载荷作用会产生扭转变形?

2. 在外力偶矩的计算公式中,功率的单位是什么? 外力偶矩的单位是什么?

3. 简述用截面法求扭矩的一般过程。

4. 试述圆轴扭转时横截面上切应力的分布规律。

5. 试述影响圆轴扭转强度的因素和提高强度的措施。

6. 若圆轴上装有一个主动轮和若干个从动轮,那么主动轮在轴上如何布局才合理?

7. 为什么在截面面积相同条件下的空心圆轴的强度优于实心圆轴?

8. 有两根直径相同的实心轴,其材料不相同,试问其极惯性矩、抗扭截面系数和剪切弹性模量是否相同? 为什么?

9. 直径 d 和长度 l 都相同而材料不同的两根轴,在相同的扭矩作用下,它们的最大切应力 τ_{max} 是否相同? 扭转角 ϕ 是否相同?

10. 工程中为什么常用空心轴? 有什么好处? 是不是工程上一定选用空心轴才是最合适的?

五、计算题

1. 试画如图 4.13 所示各轴的扭矩图,并求轴的最大扭矩。

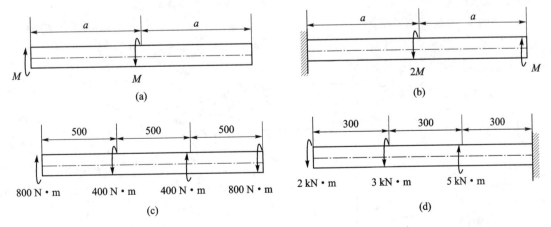

(a)　　　　　　　　　　　　　　(b)

(c)　　　　　　　　　　　　　　(d)

图 4.13

2. 如图 4.14 所示的传动轴,轮 1 为主动轮,输入的功率 $P_1=50$ kW,轮 2 与轮 3 为从动轮,输出功率分别为 $P_2=30$ kW,$P_3=20$ kW。已知转速 $n=100$ r/min,轴直径 $d=80$ mm,试求轴的最大切应力。

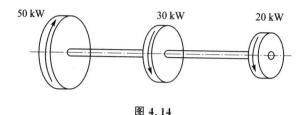

图 4.14

3. 如图 4.15 所示某传动轴,转速 $n=800$ r/min,轮 1 为主动轮,输入的功率 $P_1=100$ kW,轮 2、轮 3 与轮 4 为从动轮,输出功率分别为 $P_2=20$ kW,$P_3=P_4=40$ kW。(1) 试画轴的扭矩图,并求轴的最大扭矩。(2) 若将轮 1 与轮 3 的位置对调,轴的最大扭矩是否改变,对轴的受力是否有利?

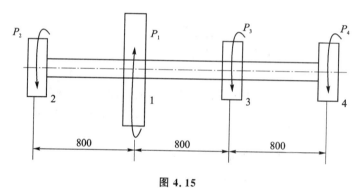

图 4.15

4. 已知一空心圆截面轴,外径 $D=40$ mm,内径 $d=20$ mm,扭矩 $T=2$ kN·m,试计算其横截面上的最大扭转切应力。

5. 圆轴的直径 $d=50$ mm,转速 $n=120$ r/min。若该轴横截面上的最大切应力等于 60 MPa,试求传递的功率是多少?

6. 如图 4.16 所示空心圆轴外径 $D=100$ mm,内径 $d=80$ mm,$l=500$ mm,外力偶 $M_1=6$ kN·m,$M_2=4$ kN·m,材料的 $G=80$ GPa,试求:(1) 轴的最大切应力;(2) C 截面对 A 截面、B 截面的相对扭转角。

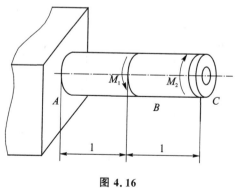

图 4.16

7. 图 4.17 所示圆截面轴,AB 与 BC 段的直径分别为 d_1 与 d_2,且 $d_1 = 4d_2/3$,材料的切变模量为 G。(1) 试求轴的最大切应力与截面 C 的转角。(2) 若扭力偶矩 $M = 1$ kN·m,许用切应力 $[\tau] = 80$ MPa,单位长度的许用扭转角 $[\varphi] = 0.5°/m$,切变模量 $G = 80$ GPa,试确定轴径。

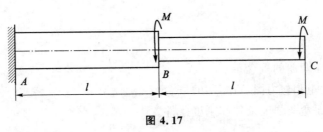

图 4.17

8. 图 4.18 所示两端固定的圆截面轴,直径为 d,材料的切变模量为 G,截面 B 的转角为 φ_B,试求所加扭力偶矩 M 之值。

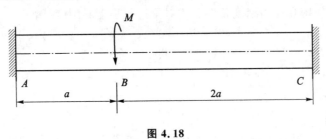

图 4.18

第5章　平面弯曲的强度和刚度计算

➢ 了解梁及平面弯曲的概念。

➢ 熟悉剪力、弯矩和剪力图、弯矩图的概念。

➢ 熟悉梁的平面弯曲强度条件和刚度条件。

📝 **技能目标**

➢ 能够熟练地计算剪力和弯矩,绘制剪力图和弯矩图。

➢ 能够熟练地使用强度和刚度条件公式对梁进行强度和刚度计算。

5.1　概　念

5.1.1　基本概念

　　弯曲是工程实际中常见的一种基本变形形式。如图 5.1(a)所示的单梁吊车横梁,图 5.1 (b)所示的火车轮轴,都是弯曲变形的构件。

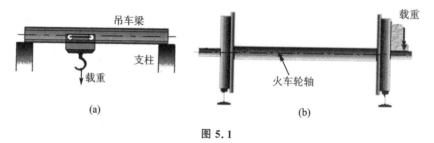

图 5.1

　　这些杆件的受力特点是在通过杆的轴线平面内,受到力偶或垂直于杆轴线的外力作用;其变形特点是杆的轴线由原来的直线变为曲线,这种形式的变形称为弯曲变形。以弯曲变形为主的杆件习惯上称为梁。

　　如图 5.2 所示,工程中常见梁的横截面一般都有对称轴。

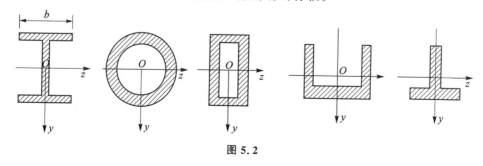

图 5.2

由梁横截面的对称轴与梁轴线所组成的平面,称为梁的纵向对称面,如图 5.3 所示。如果梁上的外力(包括载荷和支座反力)的作用线都位于纵向对称平面内,组成一个平衡力系。此时,梁的轴线将弯曲成一条位于纵向对称平面内的平面曲线,这样的弯曲变形称为平面弯曲。

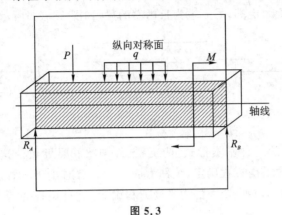

图 5.3

5.1.2　梁的受力简图

在工程中,梁的支承条件和作用在梁上的载荷情况,一般都比较复杂,为了便于分析、计算,同时又要保证计算结果足够精确,须对梁进行以下三方面的简化,得到梁的计算简图。

1. 构件的简化

不论梁的截面形状如何,通常用梁的轴线来代替实际的梁。

2. 载荷的简化

实际杆件上作用的载荷是多种多样的,但归纳起来,可简化成以下三种载荷形式。

① 当外力的作用范围与梁相比很小时,可视为集中作用于一点,即集中力;

② 两集中力大小相等、方向相反,作用线相互平行时,可视为集中力偶;

③ 连续作用在梁的全长或部分长度内的载荷为分布载荷。分布于单位长度上的载荷值称为分布载荷集度,用 q 表示。当 q 为常量时,称为均布载荷;当 q 沿梁轴线 x 变化时,即 $q = q(x)$,称为非均布载荷。

3. 支座类型和梁的类型

作用在梁上的外力,除载荷外还有支座反力。为了分析支座反力,必须对梁的约束进行简化。梁的支座按它对梁在载荷平面内的约束作用的不同,简化为以下三种典型支座:固定铰链支座、活动铰链支座和固定端,如图 5.4(a)、图 5.4(b)、图 5.4(c)所示。

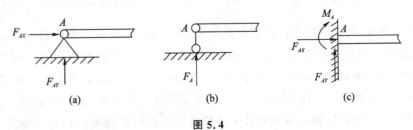

(a) (b) (c)

图 5.4

根据支座类型不同,可将梁简化为三种类型。

① 简支梁。一端为固定铰链支座,另一端为活动铰链支座的梁,如图 5.5(a)所示。

② 外伸梁。由铰链支座支承,其一端或两端外伸于铰链支座之外的梁,如图 5.5(b)所示。

③ 悬臂梁。一端为固定端,另一端为自由端的梁,如图 5.5(c)所示。

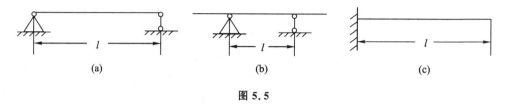

图 5.5

上面我们提到了梁的三种基本形式:简支梁、外伸梁和悬臂梁。这些梁的计算简图确定后,支座反力均可由静力平衡方程确定,统称为静定梁。有时出于工程的需要,在静定梁上再增添支座,此时支座反力不能完全由静力平衡方程确定,这种梁称为静不定梁或超静定梁,如图 5.6 所示。

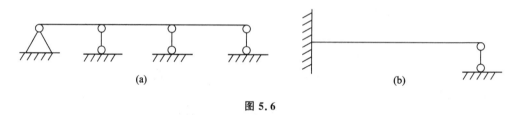

图 5.6

5.2 梁的内力

为对梁进行强度和刚度计算,当作用于梁上的外力确定后,可用截面法来分析梁任一截面上的内力。内力包括剪力和弯矩。

5.2.1 剪力与弯矩

以图 5.7(a)所示简支梁为例。在通过梁轴线的纵向对称平面内作用有与轴线垂直的载荷,求梁上任意截面 $m—m$ 上的内力。

首先,根据静力平衡方程求出 A、B 的支座反力:

$$F_{R_A} = \frac{F_P \cdot a}{a+b} = \frac{a}{l} \Delta F_P, \qquad F_{R_B} = \frac{F_P \cdot b}{a+b} = \frac{b}{l} \Delta F_P$$

然后,用任意截面 $m—m$ 假想地将简支梁截成左、右两部分,以左部分为研究对象(见图 5.7(b))。在该段梁上除作用有支反力 F_{R_A} 外,还有截面右段对左段的作用力,即内力。由于整个梁处于平衡状态,左段也应保持平衡状态。故在 $m—m$ 截面上必定有一个与 F_{R_A} 大小相等、方向相反的切向内力 F_Q 存在;同时 F_{R_A} 与 F_Q 形成一对力偶,其力偶矩为 $F_{R_A} \cdot x$ 使梁左段有顺时针转动的趋势,因此在该截面上还应有一个逆时针转向的内力偶矩 M 存在,才能使梁左段保持平衡,即内力必定是一力和一力偶,分别称为剪力和弯矩,并用 F_Q 和 M 表示。剪力与弯矩的大小可由保留段的平衡方程确定。在图 5.7 中,取 $m—m$ 截面左段为研究

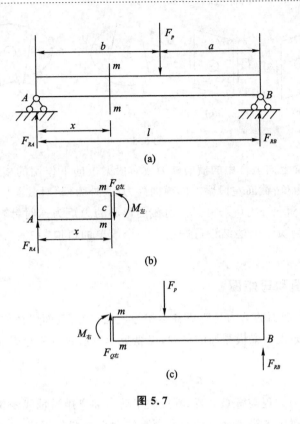

图 5.7

对象。

则有

$$\Sigma F_y = 0, \qquad F_{R_A} - F_{Q_左} = 0, \qquad F_{Q_左} = F_{R_A} = \frac{a}{l}\Delta F_P$$

$$\Sigma M_C(F) = 0, \qquad M_左 - F_{R_A} \cdot x = 0, \qquad M_左 = F_{R_A} \cdot x = \frac{ax}{l}\Delta F_P$$

式中,C 为截面 m—m 的形心。

当然,也可以取右段为研究对象(见图 5.7(c)),由作用力与反作用力关系可知,

$$F_{Q_右} = F_{Q_左}, \qquad M_右 = M_左$$

总结得出:横截面上的剪力在数值上等于该截面左段(或右段)梁上所有外力的代数和;横截面上的弯矩在数值上等于该截面左段(或右段)梁上所有外力对该截面形心的力矩的代数和。

为了使保留左段或保留右段时,同一截面上的弯曲内力不仅大小相等,而且正负号相同,对剪力与弯矩的正负号规定如下:

剪力的符号:如果剪力 F_Q 有使微段梁的左、右两截面发生左上右下错动的趋势,则剪力为正,如图 5.8(a)所示;反之,使微段梁左、右两截面有左下右上错动趋势,则剪力为负,如图 5.8(b)所示。

弯矩的符号:如果使梁弯曲成上凹下凸的形状时,则弯矩为正,如图 5.8(c)所示;反之使梁弯成下凹上凸形状时,弯矩为负,如图 5.8(d)所示。

综合上述剪力和弯矩的符号规定,可以根据梁上的外力直接确定某横截面上的剪力和弯

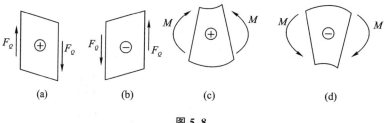

图 5.8

矩的符号:截面左段梁上向上作用的横向外力或右段梁上向下作用的横向外力在该截面上产生的剪力为正,反之为负;截面左段梁上的横向外力(或外力偶)对截面形心的力矩为顺时针转向或截面右段梁上的横向外力(或外力偶)对截面形心的力矩为逆时针转向时,在该截面上产生的弯矩为正,反之为负。上述结论可归纳为一个简单的口诀"左上右下,剪力为正;左顺右逆,弯矩为正"。

5.2.2　梁的剪力图和弯矩图

一般来说,梁上各截面的剪力与弯矩各不相等,它们都是截面所在位置的函数。若以梁的轴线为 x 轴,以坐标 x 表示梁横截面的位置,以纵坐标表示剪力和弯矩,则剪力和弯矩可表示为 x 的函数,即

$$F_Q = F_Q(x), \qquad M = M(x)$$

此式分别称为剪力方程与弯矩方程,其反映了剪力和弯矩沿轴线变化的规律。

为了直观地反映梁上各横截面上剪力和弯矩的大小和变化规律,可画出剪力方程和弯矩方程的图形,分别称为梁的剪力图与弯矩图。在梁的承载能力计算时,它们被用来判断危险截面的位置,以便计算危险点应力。

【例 5.1】 试画出图 5.9(a)所示在集中力 F_P 作用下的简支梁的剪力图与弯矩图。

解: ① 求支座约束力。

$$F_{R_A} = \frac{bF_P}{l}, \qquad F_{R_B} = \frac{aF_P}{l}$$

② 分段建立剪力方程与弯矩方程。

对 AC 段,取距离 A 端为 x_1 的截面左段为研究对象,建立方程:

$$F_{Q_1} = \frac{bF_P}{l}, \qquad 0 < x_1 < a \qquad\qquad ①$$

$$M_1 = F_{R_A} \cdot x_1 = \frac{bF_P}{l} \cdot x, \qquad 0 \leqslant x_1 \leqslant a \qquad\qquad ②$$

对 CB 段,取距离 A 端为 x_2 的截面左段为研究对象,建立方程:

$$F_{Q_2} = \frac{bF_P}{l} - F_P = -\frac{aF_P}{l}, \qquad a < x_2 < l \qquad\qquad ③$$

$$M_2 = F_{R_A} \cdot x_2 - F_P(x_2 - a) = \frac{aF_P}{l}(l - x_2), \qquad a \leqslant x_2 \leqslant 1 \qquad\qquad ④$$

③ 画剪力图与弯矩图。

由式①、式③可知:AC 段和 CB 段的剪力方程均为常数,故它们的剪力图均为水平直线;

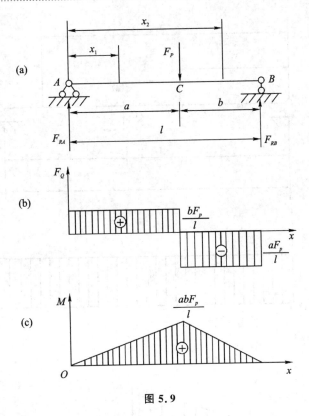

图 5.9

由式②、式④可知：AC 和 CB 段的弯矩方程均是 x 的一次函数，故它们的弯矩图均为倾斜直线。只要确定各段端点的内力值及其正负号（见下表），就可画出内力图。

区段	AC 段		BC 段	
截面	A^+	C^-	C^+	B^-
剪力 F_Q	$\dfrac{bF_P}{l}$	$\dfrac{bF_P}{l}$	$-\dfrac{aF_P}{l}$	$-\dfrac{aF_P}{l}$
弯矩 M	0	$\dfrac{abF_P}{l}$	$\dfrac{abF_P}{l}$	0

注：A^+ 表示 A 截面右侧距 A 截面无穷近处，C^- 表示 C 截面左侧距 C 截面无穷近处，其余类推。

　　根据这些数据便可画出此梁的剪力图与弯矩图，如图 5.9(b)、图 5.9(c)所示。由内力图可以看出：若 $a > b$，则 $|F_Q|_{\max} = \dfrac{aF_P}{l}$，发生在梁的 CB 段，$|M|_{\max} = \dfrac{abF_P}{l}$，发生在集中力作用处。同时，从剪力图可以看出，在集中力 F_P 作用处，剪力图发生突变，突变值等于集中力 F_P 的大小。

　　【例 5.2】　图 5.10(a)所示为一受集中力偶 M 作用的简支梁。试画出其剪力图与弯矩图。

　　解：① 求支座约束力。

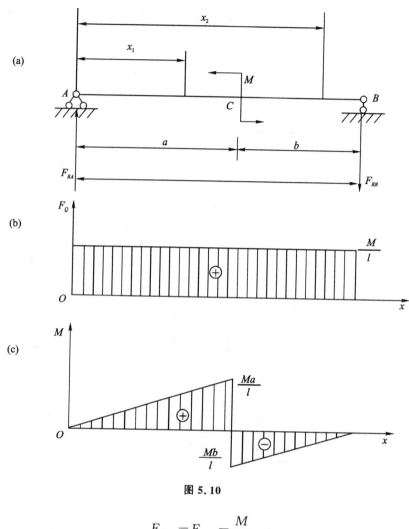

图 5.10

$$F_{R_A} = F_{R_B} = \frac{M}{l}$$

② 分段建立剪力方程与弯矩方程。

对 AC 段,取距离 A 端为 x_1 的截面左段为研究对象,建立方程:

$$F_Q = F_{R_A} = \frac{M}{l}, \qquad 0 < x_1 \leqslant a \qquad ①$$

$$M_1 = F_{R_A} \cdot x_1 = \frac{M}{l} \cdot x_1, \qquad 0 \leqslant x_1 < a \qquad ②$$

对 CB 段,取距离 A 端为 x_2 的截面右段为研究对象,建立方程:

$$F_Q = F_{R_B} = \frac{M}{l}, \qquad a \leqslant x_2 < l \qquad ③$$

$$M_2 = -F_{R_B} = \frac{M}{l}, \qquad a \leqslant x_2 < l \qquad ④$$

③ 画剪力图与弯矩图。

由式①、式③可知:AC 和 CB 两段的剪力方程均为常数,故剪力图为一条水平直线;由式

②、式④可知：AC 和 CB 两段的弯矩方程均为 x 的一次函数。故知它们的弯矩图均为倾斜直线。只要确定各段端点的内力值及其正负号（见下表），就可画出内力图。

区段	AC 段		BC 段	
截面	A^+	C^-	C^+	B^-
剪力 F_Q	$\dfrac{M}{l}$	$\dfrac{M}{l}$	$\dfrac{M}{l}$	$\dfrac{M}{l}$
弯矩 M	0	$\dfrac{M \cdot a}{l}$	$-\dfrac{M \cdot b}{l}$	0

据此可画出梁的剪力图和弯矩图，如图 5.10(b)、图 5.10(c) 所示。由内力图可以看出：若 $a > b$，$|M|_{max} = \dfrac{M \cdot a}{l}$，发生在 C 截面稍左处集中力偶作用处。同时，从弯矩图可以看出，在集中力偶 M 作用处，弯矩图发生突变，突变值等于集中力偶 M 的大小。

【例 5.3】　试画出图 5.11(a) 所示在载荷集度为 q 的均布载荷作用下的简支梁的剪力图与弯矩图。

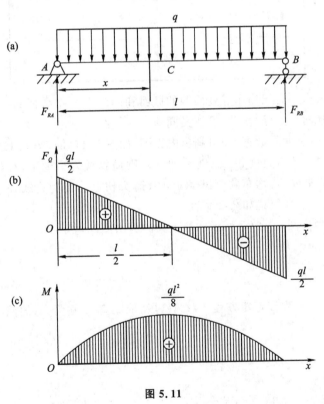

图 5.11

解：① 求支座约束力。

由于梁和载荷都是对称的，故有：

$$F_{R_A} = F_{R_B} = \frac{ql}{2}$$

② 建立剪力方程与弯矩方程。

取距离 A 端为 x 的截面左段为研究对象,建立方程:

$$F_Q = \frac{1}{2}ql - qx, \qquad 0 < x < l \qquad ①$$

$$M = \frac{1}{2}qlx - \frac{1}{2}qx^2, \qquad 0 \leqslant x \leqslant l \qquad ②$$

③ 画剪力图与弯矩图。

由式①可知,剪力方程为 x 的一次函数,故剪力图是一条倾斜直线,由式②可知,弯矩方程为 x 的二次函数,故弯矩图为二次抛物线,须知道三点才能大致画出弯矩图,通常选择区段端点和抛物线的极值点,来画抛物线。由高等数学知识可知,在弯矩对位置的一阶导数等于零(即剪力为零)处,弯矩取得极值(本题在 $x = l/2$ 处)。

现将各控制截面的内力值(简称列表求端值)列表如下:

项 目	控制面		
	$A^+(x=0)$	$C\left(x=\dfrac{l}{2}\right)$	$B^-(x=l)$
剪力 F_Q	$\dfrac{1}{2}ql$	0	$-\dfrac{1}{2}ql$
弯矩 M	0	$\dfrac{1}{8}ql^2$	0

通常将集中力、集中力偶作用点处两侧的截面和间断性分布载荷的起始位置与终止位置所在截面,作为控制面。上标"+""−"意义同前。

根据表中所列控制面的数据,即可画出内力图,如图 5.11(b)、图 5.11(c)所示。抛物线开口的确定方法:若均布载荷集度 $q < 0$(箭头朝下),则抛物线开口朝下,犹如下雨打伞一样,伞如抛物线,雨如载荷集度;若均布载荷集度 $q > 0$(箭头朝上),则抛物线开口朝上,犹如用锅烧水一样,锅如抛物线,水蒸气犹如载荷集度。

【例 5.3】 试画出图 5.12(a)所示的简支梁的剪力图与弯矩图。

解:① 求支座约束力。

$$F_{RA} = \frac{1}{4}ql, \qquad F_{RB} = \frac{3}{4}ql$$

② 分段建立剪力方程和弯矩方程。对 AC 段,取距离 A 端为 x_1 的截面左段为研究对象,建立方程:

$$F_Q = \frac{1}{4}ql - qx_1, \qquad 0 < x_1 \leqslant l$$

$$M_1 = \frac{1}{4}qlx_1 - \frac{1}{2}qx_1^2, \qquad 0 \leqslant x_1 < l$$

对 CB 段,取距离 B 端为 x_2 的截面右段为研究对象,建立方程:

$$F_Q = -F_{RB} = -\frac{3}{4}ql, \qquad 0 < x_2 \leqslant l$$

$$M_2 = \frac{3}{4}qlx_2, \qquad 0 \leqslant x_2 < l$$

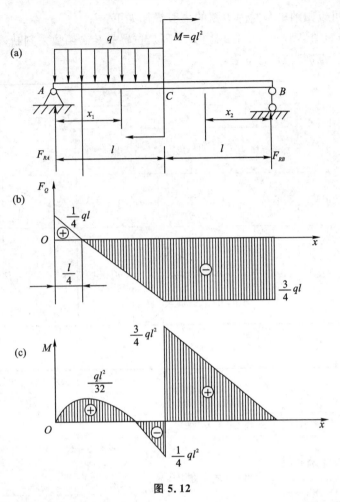

图 5.12

③ 列表求各控制面的内力值如下：

项　目	AC 段			BC 段	
截面	A^+	$x = \dfrac{l}{4}$	C^-	C^+	B^-
剪力 F_Q	$\dfrac{1}{4}ql$	0	$-\dfrac{3}{4}ql$	$-\dfrac{3}{4}ql$	$-\dfrac{3}{4}ql$
弯矩 M	0	$\dfrac{1}{32}ql^2$	$-\dfrac{1}{4}ql^2$	$\dfrac{3}{4}ql^2$	0

极点位置 $F_Q = \dfrac{1}{4}ql - qx = 0$，得出 $x = \dfrac{l}{4}$，再代入弯矩方程中就可得到极点的弯矩，极值

点弯矩值 $M_{max} = \dfrac{ql^2}{32}$。

④ 画剪力图与弯矩图。

分别找出曲线上相应各点，连点成光滑曲线，即可得到剪力图与弯矩图，如图 5.12(b)、图 5.12(c)所示。

由上述各例可以归纳出弯曲内力图的一般规律如下:

形状规律:内力图形形状可以根据内力方程是位置的几次函数来判断,也可以根据梁上各段载荷集度的情况直接判断,见下表:

项　　目		形状规律				
		$q=0$		$q\neq 0$		
		线形规律	斜率规律	线形规律	斜率规律	
					$q>0$	$q<0$
内力图	F_Q 图	直线	 ——	倾斜直线	 /	 \
	M 图	倾斜直线	$F_Q>0$  / $F_Q<0$ \	抛物线	 ∪	 ∩

突变规律,见下表。

项　　目		集中力作用处	集中力偶作用处
F_Q 图	突变方向	与集中力方向相同	剪力图无突变
	突变数值	等于集中力	
M 图	突变方向	弯矩图无突变,但有尖点	若集中力偶使其作用处右侧产生正弯矩,则弯矩图由下向上突变;反之由上向下突变
	突变数值		突变数值等于集中力偶的数值

5.3　平面弯曲正应力及强度计算

5.3.1　平面弯曲正应力

横力弯曲(剪切弯曲):梁横截面上既有弯矩又有剪力,梁横截面上既有正应力又有切应力。

纯弯曲:梁横截面上只有弯矩而无剪力,梁横截面上只有正应力。

横力弯曲时的最大切应力发生在截面中性轴上。对于细长梁,一般只进行正应力分析,但对于薄壁梁或短跨梁,则既要进行正应力分析,又要进行切应力分析。本节主要研究对象为细长梁。

1. 平面弯曲正应力分布规律

横截面上的正应力对中性轴呈线形分布,且距中性轴距离相等的各点的正应力数值相等,中性轴上正应力等于零,中性轴两侧,一侧受拉,另一侧受压,离中性轴愈远正应力愈大,最大正应力(绝对值)在离中性轴最远的上、下边缘处。如图 5.13 所示。

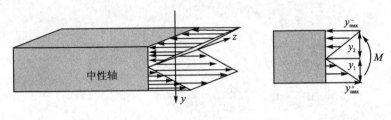

图 5.13

2. 正应力计算公式

（1）任意点的正应力

$$\sigma = \frac{My}{I_z}$$

式中，M——横截面上的弯矩；

y——所求应力点到中性轴的距离；

I_z——截面对中性轴 z 的惯性矩，常用单位为 m^4。

（2）横截面上的最大正应力

当 $y = y_{max}$ 时，弯曲正应力达最大值，即 $\sigma_{max} = \frac{My_{max}}{I_z}$

令：$W_z = \frac{I_z}{y_{max}}$，则可得 $\sigma_{max} = \frac{M}{W_z}$

式中，W_z——抗弯截面系数，常用单位为 m^3。

说明：

① 当截面形状对称于中性轴时，其受拉和受压边缘离中性轴的距离相等，即 $y_1 = y_2 = y_{max}$，因而 $\sigma_{max}^+ = \sigma_{max}^-$。

② 当截面形状不对称中性轴时（如 T 形截面），其 $y_1 \neq y_2$，所以最大拉应力与最大压应力不相等，分别为 $\sigma_{max}^+ = \frac{My_1}{I_z}$、$\sigma_{max}^- = \frac{My_2}{I_z}$。

③ 轴惯性钜 I 和抗变截面系数 W 是只与截面的形状、尺寸有关的几何量。截面面积分布离中性轴越远，截面对该轴的惯性矩越大，抗弯截面系效亦越大。

常用截面的 I、W 计算公式如下：

① 矩形截面（h 为高，b 为宽）：

$$I_z = \frac{bh^3}{12}, \qquad I_y = \frac{hb^3}{12}$$

$$W_z = \frac{bh^2}{6}, \qquad W_y = \frac{hb^2}{6}$$

② 圆形截面：

$$I_z = I_y = \frac{\pi d^4}{64}$$

$$W_z = W_y = \frac{\pi d^3}{32}$$

③ 圆环形截面：

设 $a = \dfrac{d}{D}$，则

$$I_z = I_y = \frac{\pi(D^4 - d^4)}{64}$$

$$W_z = W_y = \frac{\pi D^3}{32}(1 - \alpha^4)\,, \qquad \alpha = \frac{d}{D}$$

5.3.2 强度计算

对梁进行强度计算时，应同时满足正应力强度条件和切应力强度条件。但对工程中常见的细长实心梁截面而言，截面上最大正应力远大于最大切应力，这表明梁的强度主要是由正应力控制的。但在有些情况下就必须考虑切应力并按切应力进行强度校核，如短跨梁或者较大载荷作用在支座附近的梁以及薄壁截面和工字形截面腹板较高的梁等。

对于等截面直梁，最大弯矩所在截面称为危险截面，危险截面上距离中性轴最远处的点称为危险点，要使梁具有足够的强度，必须使危险截面上的最大工作应力不超过材料的许用应力，其强度条件为

$$\sigma_{\max}^+ = \frac{M_{\max} y_{\max}}{I_z} \leqslant [\sigma]$$

式中，$[\sigma]$ 为材料许用弯曲应力。对于材料的抗拉和抗压强度相同的梁，截面宜采用与中性轴对称的形状，如矩形、圆形或工字钢截面等。即当截面对中性轴具有对称性时，强度条件可写为

$$\sigma_{\max}^+ = \frac{M_{\max}}{W_z} \leqslant [\sigma]$$

对于脆性材料（如铸铁）制成的梁，由于材料的抗拉和抗压强度不等，截面宜采用与中性轴不对称的形状，其强度条件为

$$\sigma_{\max}^+ = \frac{M_{\max}}{I_z} y_1 \leqslant [\sigma]^+$$

$$\sigma_{\max}^- = \frac{M_{\max}}{I_z} y_2 \leqslant [\sigma]^-$$

式中，$\sigma_{\max}^+$ 和 $\sigma_{\max}^-$ 分别为梁上的最大拉应力和最大压应力；$[\sigma]^+$ 和 $[\sigma]^-$ 分别是材料的许用拉应力与许用压应力；y_1 和 y_2 分别为最大拉应力作用位置和最大压应力作用位置距中性轴的距离。

应用强度条件可以解决梁的强度校核、设计截面尺寸和确定载荷三类问题。

【例 5.5】 T 字形铸铁托架如图 5.14(a)所示。T 字形截面如图 5.14(b)所示，其许用应力 $[\sigma]^+ = 40$ MPa，$[\sigma]^- = 120$ MPa。已知 $F = 10$ kN，$l = 300$ mm，$I_z = 1.93 \times 10^6$ mm^4，$n-n$ 截面对中性轴 z 的惯性矩，$y_1 = 24.3$ mm，$y_2 = 75.7$ mm，各截面的承载能力大致相同。试校核托架 $n-n$ 截面的强度。

解： ① 画受力简图如图 5.14(c)所示。作弯矩图，如图 5.14(d)所示，$M_{\max} = 3$ kM·m $= 3 \times 10^6$ N·mm

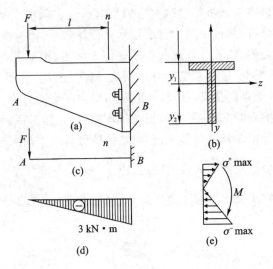

图 5.14

② 校核强度

作 n—n 截面的应力分布图，如图 5.14(e)所示。最大拉应力发生于上边缘各点，最大压应力发生于下边缘各点，且

$$\sigma_{max}^{+} = \frac{M_{max} y_1}{I_z} = \frac{3 \times 10^6 \times 24.3}{1.93 \times 10^6} \text{ MPa} = 37.8 \text{ MPa} < [\sigma]^{+} = 40 \text{ MPa}$$

$$\sigma_{max}^{-} = \frac{M_{max} y_2}{I_z} = \frac{3 \times 10^6 \times 75.7}{1.93 \times 10^6} \text{ MPa} = 117.7 \text{ MPa} < [\sigma]^{-} = 120 \text{ MPa}$$

因此托架满足强度要求。

5.4　梁的合理截面和变截面梁

在设计梁时，不仅要保证梁具有足够的强度，同时还应使梁能充分发挥材料的潜力，以节省材料。本节将从强度方面来探讨梁的合理截面和变截面梁的问题。

5.4.1　梁的合理截面

1. 根据截面的几何性质选择截面

弯曲正应力的强度条件可改写为 $M_{max} \leqslant [\sigma] \cdot W_z$，由此可见梁所能承受的最大弯矩 M_{max} 与抗弯截面系数成正比，而梁消耗材料的多少又与横截面面积 A 的大小成正比，即也与抗弯截面系数有关。所以，合理的截面形状应是在截面面积 A 相等的情况下具有较大的抗弯截面系数。

工程上常用抗弯截面系数与横截面面积的比值 $\frac{W_z}{A}$ 来衡量，即该比值越大，截面形状的"形价比"越高，则该截面就越经济。

从图 5.15 中看出，圆截面的 $\frac{W_z}{A}$ 值最小，矩形次之，因此它们的经济性不够好；工字形和槽形截面比较合理。所以在起重机等钢结构中的抗弯构件多采用工字形、槽形截面。根据梁弯曲正应力分布规律来分析,圆截面离中性层较远处面积较小,而离中性轴附近却有着较大的面积,以致很大一部分材料未能充分发挥其作用。而工字形、槽形截面克服了这一缺点,故较为合理。当然,在许多情况下,还必须综合考虑刚度,稳定性以及使用、加工等多方面的因素。例如对于轴类构件,除承受弯曲变形,还要传递扭矩,则以圆截面更为实用;工程上往往用面积相同的空心圆截面代替实心圆截面,可明显提高抗弯强度;同样工字钢截面比矩形截面在材料利用方面更为合理。对于矩形及工字形截面,增加高度可有效地提高抗弯截面系数,但其截面高度过大,宽度过小,常会引发侧弯和丧失稳定,以 $\frac{h}{b}=1.5\sim3$ 为宜。当弯矩一定时,最大弯曲正应力与抗弯截面系数成反比。为了节省材料、减轻自重,合理的截面状态使截面的惯性矩或抗弯截面系数尽可能大。

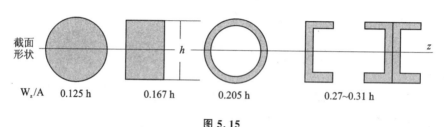

截面形状

W_z/A 0.125 h   0.167 h   0.205 h   0.27~0.31 h

图 5.15

2. 根据材料的力学性能选择截面

对于抗拉强度和抗压强度相等的塑性材料,通常采用中性轴对称的截面形状,在截面面积相同的情况下,应使 W_z 或 $\frac{W_z}{A}$ 比值尽可能的大。如一个宽为 b,高为 h 的矩形截面梁($h>b$),竖放时的 $W_{z1}=\frac{bh^2}{6}$,平放时的 $W_{z2}=\frac{hb^2}{6}$,两者之比值为 $\frac{W_{z1}}{W_{z2}}=\frac{h}{b}$,即 $W_{z1}>W_{z2}$,所以,竖放时梁有较大的抗弯强度。工程中的矩形截面梁通常竖放就是这个原因。

对于塑性材料,为了使截面上、下边缘的最大拉应力和最大压应力同时满足许用应力,截面形状一般做成如图 5.16 所示的对称于中性轴的截面形状。

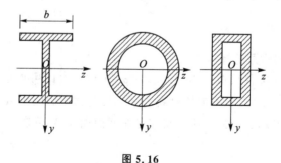

图 5.16

对于工程中常用的铸铁材料,由于其抗拉能力低于抗压能力,因此截面应根据脆性材料的特点,设计为中性轴不对称的截面形状。中性轴位于受拉一侧,使最大拉应力变小,如 T 字形(见图 5.17)及上、下翼缘不等的工字形截面等,这样可以充分提高材料的利用率。

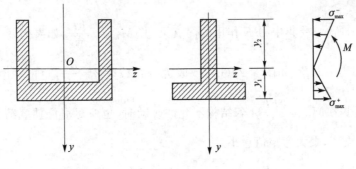

图 5.17

5.4.2　变截面梁

等截面直梁的截面尺寸是由最大弯矩 M_{max} 确定的,但是梁上不是最大弯矩所在的截面,其弯矩值较小,截面上、下边缘的应力值均未达到材料的许用应力值,故材料未能充分利用。如汽车板簧、传动系统的阶梯轴等构件,它们的截面尺寸是随着截面弯矩的大小而改变的,这种截面沿轴线变化的梁称为变截面梁。理想的变截面梁可设计成梁上所有横截面的最大正应力都相等,且等于材料的许用应力,故这种变截面梁称为等强度梁。从强度观点来看,等强度梁是最合理的结构形式。工程中的鱼腹梁(见图 5.18)、阶梯轴等就是按等强度梁概念设计的。由于等强度梁外形复杂,加工制造困难,所以工程上一般采用近似等强度的变截面梁。

图 5.18

5.4.3　影响强度的因素和提高强度的措施

弯曲正应力的强度条件 $\sigma_{max} = \dfrac{M_{max}}{W_z} \leqslant [\sigma]$ 是设计梁的主要依据,从这个条件看出控制梁强度的主要因素是弯曲正应力,梁的弯曲正应力的强度与所选用的材料、横截面形状以及弯矩有关,因此,提高梁的承载能力,可从减小最大弯矩 M_{max} 和提高抗弯截面系数 W_z 等方面采取措施。

1. 合理安排梁的支承和载荷,降低梁的最大弯矩

(1) 合理布置支座

均布载荷作用下的简支梁,如图 5.19(a)所示,其 $M_{max} = \dfrac{ql^2}{8} = 0.125ql^2$;若将两端支座各向里移动 $0.2l$,如图 5.19(b)所示,则最大弯矩减小为原来的 $\dfrac{1}{5}$,即 $M_{max} = \dfrac{ql^2}{40} = 0.025ql^2$,也就是说按图 5.19(b)布置支座,载荷还可以提高四倍。

(2) 合理布置载荷

如图 5.20(a)所示,受集中力 F 作用的简支梁,其 $M_{max} = \dfrac{Fl}{4}$,如果把集中力 F 通过辅助梁分成两个 $\dfrac{F}{2}$ 的集中载荷,如图 5.20(b),或改为分布载荷 $q = \dfrac{F}{l}$,这两种不同加载方式,其最大弯矩值可减小为 $M_{max} = \dfrac{Fl}{8}$。若结构不允许改动时,也应尽可能使载荷靠近支座,显然,载荷愈靠近梁的支座,最大弯矩值愈小。

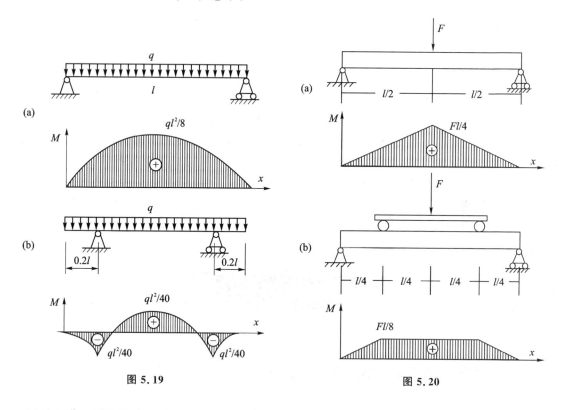

图 5.19   图 5.20

(3) 减小梁的跨度

在结构允许时,可以用减小跨度的办法来降低最大弯矩。如图 5.21(a)所示受均布载荷作用的简支梁,若在跨度中间增加一个支座,如图 5.21(b)所示,梁的跨度由 l 缩小为 $\dfrac{l}{2}$,则梁的 $M_{max} = 0.125ql^2$ 变小为 $M_{max} = 0.03125ql^2$。

2. 选择合理的截面形状

首先,根据截面的几何性质选择截面。选择合理截面以增大惯性矩 I 的数值,也是减小弯曲变形的有效措施。其次,根据材料的力学性能选择截面。对抗拉、抗压强度相等的材料(如碳钢),宜采用对称于中性轴的截面,如圆形、矩形、工字形等。这样可使截面上、下边缘处的最大压应力同时达到许用应力。对抗拉、抗压强度不相等的材料(如铸铁),宜采用不对称中性轴的截面,如 T 字形,并使中性轴偏近于受拉一侧,使最大拉应力和最大压应力同时接近许用应力。

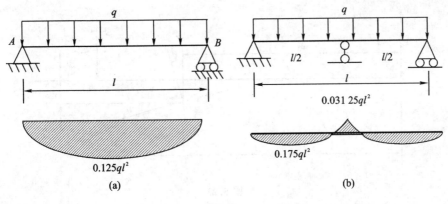

图 5.21

3. 采用等强度梁

等截面梁是不经济的,为了节省材料,在工程中尽量采用等强度梁。

5.5　积分法计算梁的变形

5.5.1　梁的变形

1. 梁变形的概念

工程中,对某些受弯构件除强度要求外,往往还有刚度要求,即要求其弹性变形不能超过限定值。否则,由于变形过大,使结构或构件丧失正常功能,发生刚度失效。如车床的主轴,若其变形过大,将影响齿轮的啮合和轴承的配合,造成磨损不匀,产生噪声,降低寿命,同时还会影响加工精度。

在工程中还存在另外一种情况,所考虑的不是限制构件的弹性变形,而是希望构件在不发生强度失效的前提下,尽量产生较大的弹性变形,如各种车辆中用于减少振动的叠板弹簧,采用板条叠合结构,吸收车辆受到振动和冲击时的动能,起到了缓冲振动的作用。

这些都说明研究梁的弯曲变形是非常必要的。

如图 5.22 所示悬臂梁,取变形前梁的轴线为 x 轴,与轴线垂直且向上的轴为 ω 轴。在平面弯曲的情况下,梁的轴线在 x-ω 平面内弯成一曲线 AB',称为梁的挠曲线。梁的变形可用以下两个位移量:挠度和转角来表示。

（1）挠　度

梁任一横截面的形心在垂直于轴线方向的线位移,称为该横截面的挠度,用 ω 表示。规定沿 ω 轴正向(即向上)的挠度为正,反之为负。挠度的单位为 mm。

（2）转　角

梁的任一横截面绕其中性轴转过的角度,称为该横截面的转角,用 θ 表示。根据平面假设,梁变形后的横截面仍保持为平面并与挠曲线正交,因而横截面的转角 θ 也等于挠曲线在该截面处的切线与 x 轴的夹角。规定转角逆时针方向时为正,反之为负。转角的单位为 rad。

梁横截面的挠度 ω 和转角 θ 都随截面位置 x 而变化,是 x 的连续函数,即

$$\omega = \omega(x), \qquad \theta = \theta(x)$$

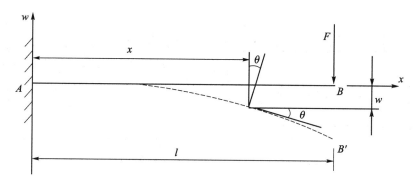

图 5.22

以上两式分别称为梁的挠曲线方程和转角方程。在小变形条件下,两者之间存在下面的关系

$$\theta \approx \tan \theta = \frac{\mathrm{d}\omega}{\mathrm{d}x}$$

即挠曲线上任一点处切线的斜率等于该处横截面的转角。因此,只要知道梁的挠曲线方程 $\omega = \omega(x)$,就可求得梁任一横截面的挠度 ω 和转角 θ。

2. 梁的挠曲线微分方程

在前面推导纯弯曲梁正应力计算公式时,曾得到用中性层曲率半径 ρ 表示的弯曲变形的公式 $\frac{1}{\rho} = \frac{M}{EI}$。

如果忽略剪切力对变形的影响,则上式也可以用于梁的横力弯曲的情形。在此时,弯矩 M 和相应的曲率半径 ρ 均为 x 的函数,上式变为 $\frac{1}{\rho(x)} = \frac{M(x)}{EI}$

另外,从几何关系上看,平面曲线的曲率的表达式如下:

$$\frac{1}{\rho(x)} = \pm \frac{\dfrac{\mathrm{d}^2 w}{\mathrm{d}x^2}}{\left[1 + \left(\dfrac{\mathrm{d}w}{\mathrm{d}x}\right)^2\right]^{3/2}}$$

在小变形条件下,转角 θ 是一个很小的量,故 $\left(\dfrac{\mathrm{d}w}{\mathrm{d}x}\right)^2 \ll 1$,于是上式可简化为

$$\frac{1}{\rho(x)} = \pm \frac{\mathrm{d}^2 w}{\mathrm{d}x^2}$$

因此可得:$\pm \dfrac{\mathrm{d}^2 w}{\mathrm{d}x^2} = \dfrac{M(x)}{EI}$,对于式中的正负号。如果弯矩 M 的正负号仍然按以前规定,并选择 ω 轴向上为正,则弯矩 M 与 $\dfrac{\mathrm{d}^2 w}{\mathrm{d}x^2}$ 恒为异号,左端应取正号。故有

$$\frac{\mathrm{d}^2 w}{\mathrm{d}x^2} = \frac{M(x)}{EI}$$

此式称为梁的挠曲线近似微分方程。

对其进行积分,可得转角 θ 和挠度 ω。

5.5.2　用积分法求弯曲变形

对于等截面梁，EI 为常量，对挠曲线近似微分方程进行两次积分，即可得到梁的转角方程和挠度方程

$$\theta = \frac{\mathrm{d}w}{\mathrm{d}x} = \int \frac{M(x)}{EI}\mathrm{d}x + C$$

$$\omega = \iint \left(\frac{M(x)}{EI}\mathrm{d}x \right) \mathrm{d}x + Cx + D$$

式中，C、D 为积分常数，可以应用梁的边界条件与挠曲线连续光滑条件来确定。积分常数确定后，即可求得转角和挠度方程。

【例 5.6】　悬臂梁如图 5.23 所示，$EI =$ 常数，在其自由端受一集中力 F 作用，试求该梁的转角方程和挠度方程，并确定其最大转角和最大挠度。

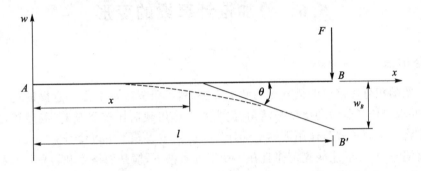

图 5.23

解：① 建立挠曲线微分方程并积分。

在图 5.23 所示坐标下的梁弯矩方程为

$$M(x) = -F(l - x)$$

则其挠曲线微分方程为

$$\frac{\mathrm{d}^2 w}{\mathrm{d}x^2} = -\frac{F(l - x)}{EI}$$

经积分，得

$$\theta = \frac{\mathrm{d}w}{\mathrm{d}x} = \frac{F}{2EI}x^2 - \frac{Fl}{EI}x + C$$

$$\omega = \frac{F}{6EI}x^3 - \frac{Fl}{2EI}x^2 + Cx + D$$

② 确定积分常数。

边界条件：
$$x = 0, \qquad \theta_A = 0$$
$$x = 0, \qquad \omega_A = 0$$

将上述边界条件分别代入公式可得
$$C = 0, \qquad D = 0$$

③ 确定转角方程和挠度方程。

将所得积分常数 C 和常数 D 代入公式,转角方程和挠度方程分别为

$$\theta = \frac{F}{EI}\left(\frac{1}{2}x^2 - lx\right)$$

$$\omega = \frac{F}{6EI}(x^3 - 3lx^2)$$

④ 确定最大转角和最大挠度。

梁的最大转角和最大挠度均在梁的自由端截面处,将端截面 B 的横坐标 $x=l$ 代入以上两式,最大转角和最大挠度分别为

$$\theta_{max} = -\frac{Fl^2}{2EI}$$

$$\omega_{max} = -\frac{Fl^3}{2EI}$$

5.6　叠加法计算梁的变形

5.6.1　叠加法

上节介绍的积分法是求解梁变形的基本方法,利用积分法可求出任意梁的挠曲线方程和转角方程,并求得任意截面的挠度和转角,但当梁上作用载荷比较复杂时,其运算过程比较繁琐。工程中将常见简单载荷作用下的变形计算公式列于表 5.1 中以便查阅。

实验表明,材料在服从胡克定律且在小变形的条件下,横截面挠度和转角均与梁的载荷呈线性关系,各个载荷引起的变形是相互独立的。所以,当梁上有多个载荷同时作用时,可分别计算各个载荷单独作用时所引起梁的变形,然后求出诸变形的代数和,即为这些载荷共同作用时梁所产生的变形,这种计算方法称为叠加法。

5.6.2　计算梁的变形

下面举例说明用叠加法计算梁的变形。

【例 5.7】　悬臂梁 AB 在自由端 B 和中点 C 受集中力 F 作用,如图 5.24 所示。试用叠加法求自由端 B 的位移。

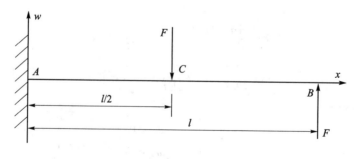

图 5.24

解:在仅有 B 端点集中力 F 作用时,自由端 B 的挠度通过查表 5.1 得

$$\omega_{B_1}=\frac{Fl^3}{3EI}$$

在中点 C 仅有集中力 F 作用时,C 点处的位移与转角,通过查表 5.1 得

$$\omega_C=-\frac{F(l/2)^3}{3EI},\qquad\theta_C=-\frac{F(l/2)^2}{2EI}$$

由于 C 点的位移将引起 B 端点的相同位移,同时由于 C 点的转角亦会引起 B 点的位移,则集中力 F 引起 B 端点位移为这两个位移之和

$$\omega_{B_2}=\omega_C+\theta_C\times\frac{1}{2}=-\frac{Fl^3}{24EI}-\frac{Fl^3}{16EI}=-\frac{5Fl^3}{48EI}$$

在两个集中力 F 共同作用下,自由端 B 的挠度为

$$\omega_B=\omega_{B_1}+\omega_{B_2}=\frac{Fl^3}{3EI}-\frac{5Fl^3}{48EI}=\frac{11Fl^3}{48EI}$$

【例 5.8】　悬臂梁 AB 如图 5.25 所示,自由端 B 受集中力偶矩 M,中点 C 受集中力 F 作用,试用叠加法求自由端 B 的位移。

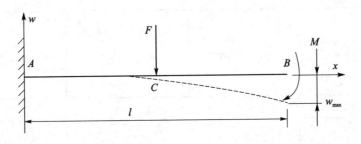

图 5.25

解:在 M、F 作用下,显然自由端挠度最大,仅有端部力偶矩 M 作用时,端部挠度通过查表 5.1 得

$$\omega_{B_1}=-\frac{Ml^2}{2EI}$$

在中点 C 仅有集中力 F 作用时,C 点处的位移与转角,通过查表 5.1,有

$$\omega_C=-\frac{F\left(\frac{l}{2}\right)^3}{3EI},\qquad\theta_C=-\frac{F(l/2)^2}{2EI}$$

由于 C 点的位移将引起端点 B 的相同位移,同时由于 C 点的转角亦会引起 B 点的位移,则集中力 F 引起 B 端点位移为这两个位移之和

$$\omega_{B_2}=\omega_C+\theta_C\times\frac{l}{2}=-\frac{Fl^3}{24EI}-\frac{Fl^3}{16EI}=-\frac{5Fl^3}{48EI}$$

在 M、F 共同作用下,自由端 B 的挠度为

$$\omega_{max}=\omega_{B_1}+\omega_{B_2}=-\frac{Ml^2}{2EI}-\frac{5Fl^3}{48EI}$$

表 5.1　梁在简单荷载作用下的变形

载荷类型	转　角	最大挠度	挠曲线方程
1. 悬臂梁·集中载荷作用在自由端			
	$\theta_B = -\dfrac{Fl^2}{2EI}$	$\omega_B = -\dfrac{Fl^3}{3EI}$	$\omega(x) = -\dfrac{Fx^2}{6EI}(3l-x)$
2. 悬臂梁·弯曲力偶作用在自由端			
	$\theta_B = -\dfrac{Ml}{EI}$	$\omega_B = -\dfrac{Ml^2}{2EI}$	$\omega(x) = -\dfrac{Mx^2}{2EI}$
3. 悬臂梁·均布载荷作用在梁上			
	$\theta_B = -\dfrac{ql^3}{6EI}$	$\omega_B = -\dfrac{ql^4}{8EI}$	$\omega(x) = -\dfrac{qx^2}{24EI}(x^2 + 6l^2 - 4lx)$
4. 简支梁·集中载荷作用在任意位置上			
	$\theta_A = -\dfrac{Fb(l^2-b^2)}{6lEI}$　　$\theta_B = \dfrac{Fab(2l-b)}{6lEI}$	$\omega_{max} = -\dfrac{Fb(l^2-b^2)^{\frac{3}{2}}}{9\sqrt{3}\,lEI}$　$\left(在\ x = \sqrt{\dfrac{l^2-b^2}{3}}\ 处\right)$	$\omega_1(x) = -\dfrac{Fbx}{6lEI}(l^2 - x^2 - b^2)$　$(0 \leqslant x \leqslant a)$　$\omega_2(x) = -\dfrac{Fb}{6lEI}\cdot$　$\left[\dfrac{l}{b}(x-a)^3 + (l^2-b^2)x - x^3\right]$　$(a \leqslant x \leqslant l)$
5. 简支梁·均布载荷作用在梁上			
	$\theta_A = -\theta_B = -\dfrac{ql^3}{24EI}$	$\omega_{max} = -\dfrac{5ql^4}{384EI}$　$\left(在\ x = \dfrac{l}{2}\ 处\right)$	$\omega(x) = -\dfrac{qx}{24EI}(l^3 - 2lx^2 + x^3)$
6. 简支梁·弯曲力偶作用在梁的一端			
	$\theta_A = -\dfrac{Ml}{6EI}$　　$\theta_B = \dfrac{Ml}{3EI}$	$\omega_{max} = -\dfrac{Ml^2}{9\sqrt{3}\,EI}$　$\left(在\ x = \dfrac{l}{\sqrt{3}}\ 处\right)$	$\omega(x) = \dfrac{Mlx}{6EI}\left(1 - \dfrac{x^2}{l^2}\right)$

载荷类型	转　角	最大挠度	挠曲线方程
7. 简支梁·弯曲力偶作用在两支撑间任意点			
	$\theta_A = \dfrac{M}{6EIl}(l^2 - 3b^2)$ $\theta_B = \dfrac{M}{6EIl}(l^2 - 3a^2)$ $\theta_C = -\dfrac{M}{6EIl}$ $(3a^2 + 3b^2 - l^2)$	$\omega_{max1} = \dfrac{M(l^2 - 3b^2)^{\frac{3}{2}}}{9\sqrt{3}\,EIl}$ $\left(\text{在 } x = \dfrac{1}{\sqrt{3}}\sqrt{l^2 - 3b^2} \text{ 处}\right)$ $\omega_{max2} = \dfrac{M(l^2 - 3a^2)^{\frac{3}{2}}}{9\sqrt{3}\,EIl}$ $\left(\text{在 } x = \dfrac{1}{\sqrt{3}}\sqrt{l^2 - 3a^2} \text{ 处}\right)$	$\omega_1(x) = \dfrac{Mx}{6EIl}(l^2 - 3b^2 - x^2)$ $(0 \leqslant x \leqslant a)$ $\omega_2(x) = -\dfrac{Mx}{6EIl}\cdot$ $[l^2 - 3a^2 - (l-x)^2]$ $(a \leqslant x \leqslant l)$

5.7　梁的刚度条件

5.7.1　梁的刚度条件

对于工程中承受弯曲变形的构件,除了强度要求外,常常还有刚度要求。因此,在按强度条件选择了截面尺寸后,还需进行刚度计算,即要求控制梁的变形。要求其最大挠度和转角不得超过某一规定数值,则梁的刚度条件为

$$|\omega|_{max} \leqslant [\omega]$$
$$|\theta|_{max} \leqslant [\theta]$$

式中 $[y]$ 和 $[\theta]$ 分别为规定的许用挠度(mm)和许用转角(rad),可从有关的设计规范中查得。

5.7.2　梁的刚度计算

【例 5.9】　等截面空心机床主轴的平面简图如图 5.26 所示,已知其外径 $D = 80$ mm,内径 $d = 40$ mm,AB 跨度 $l = 400$ mm,BC 段外伸 $a = 100$ mm,材料的弹性模量 $E = 210$ GPa,切削力在该平面上的分力 $F_1 = 2$ kN,齿轮啮合力在该平面上的分力 $F_2 = 1$ kN,若主轴 C 端 $[\omega] = 0.01$ mm,轴承 B 的许用转角 $[\theta] = 0.001$ rad,试校核机床的刚度。

解:机床主轴发生弯曲变形,其惯性矩为

$$I_z = \frac{\pi D^4}{64}(1 - \alpha^4) = \frac{\pi \times 80^4 \times 10^{-12}}{64}\left[1 - \left(\frac{40}{80}\right)^4\right] \text{ m}^4 = 1.88 \times 10^{-6} \text{ m}^4$$

图 5.26(b)为主轴的受力简图,利用叠加原理,计算出 F_1、F_2 单独作用在主轴时 C 端的挠度。

① F_1 单独作用时 C 端的挠度。

如图 5.26(c)所示,由表 5.1 得

$$(\omega_C)_{F_1} = \frac{F_1 a^2(l+a)}{3EI_z}$$

$$= \frac{2 \times 10^3 \times 100^2 \times 10^{-6} \times (400 + 100) \times 10^{-3}}{3 \times 210 \times 10^9 \times 1.88 \times 10^{-6}} \text{ m}$$

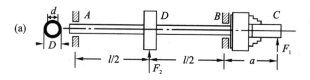

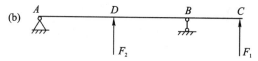

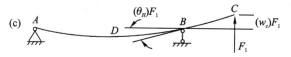

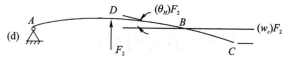

图 5.26

$$= \frac{10^{-3}}{3 \times 21 \times 1.88} \text{ m}$$

$$= 8.443 \times 10^{-6} \text{ m}$$

② F_2 单独作用时 C 端的挠度。

如图 5.26(d)所示,由表 5.1 查得 B 点得转角,由几何关系得

$$(\omega_C)_{F_2} = -\theta_B \cdot a = -\frac{F_2 l^2}{16EI_z} \cdot a$$

$$= -\frac{1 \times 10^3 \times 400^2 \times 10^{-6} \times 100 \times 10^{-3}}{16 \times 210 \times 10^9 \times 1.88 \times 10^{-6}} \text{ m}$$

$$= -\frac{16 \times 10^{-4}}{16 \times 21 \times 1.88} \text{ m} = 2.533 \times 10^{-6} \text{ m}$$

③ C 端的挠度。

$$\omega_C = (\omega_C)_{F_1} + (\omega_C)_{F_2} = (8.443 - 2.533) \times 10^{-6} \text{ m}$$

$$= 0.006 \text{ mm} < [\omega] = 0.01 \text{ mm}$$

④ F_1 单独作用时 B 点的转角。

如图 5.26(c)所示,由表 5.1 得

$$(\theta_B)_{F_1} = \frac{F_1 al}{3EI_z} = \frac{2 \times 10^3 \times 100 \times 400 \times 10^{-6}}{3 \times 210 \times 10^9 \times 1.88 \times 10^{-6}}$$

$$= \frac{80 \times 10^{-4}}{3 \times 21 \times 1.88} = 6.754 \times 10^{-5} \text{ m}$$

⑤ F_2 单独作用时 B 点转角。

如图 5.26(d)所示,由表 5.1 得

$$(\theta_B)_{F_2} = -\frac{F_2 l^2}{16EI_z} = -\frac{1 \times 10^3 \times 400^2 \times 10^{-6}}{16 \times 210 \times 10^9 \times 1.99 \times 10^{-6}} \text{ m}$$

$$= -\frac{16 \times 10^{-3}}{16 \times 21 \times 1.88} = 2.533 \times 10^{-5} \text{ m}$$

⑥ B 点的转角。

$$\theta_B = (\theta_B)_{F_1} + (\theta_B)_{F_2} = (6.754 - 2.533) \times 10^{-5} \text{ rad} = 4.221 \times 10^{-5} \text{ rad} < [\theta]$$

$$= 0.001 \text{ rad}$$

如上计算可知,主轴满足刚度要求。

5.7.3　影响梁刚度的因素及提高措施

提高梁的刚度主要就是减小梁的弯曲变形。梁的弯曲变形不仅与载荷有关,而且还与弯矩及抗弯刚度有关。因此,在工程中提高梁的刚度主要采取以下的措施。

① 改善截面尺寸和形状、提高梁的抗弯刚度 EI。由于梁的转角和挠度与 EI 的大小成反比,因此工程中采用的工字形、箱形的截面梁,不仅有利于提高梁的抗弯强度,也有利于提高梁的抗弯刚度。其次要注意,高强度钢的强度指标比普通低碳钢高很多,但它们的 E 值相差不大,因此采用高强度钢对提高梁的刚度的效果不明显,而且造成材料浪费。

② 合理安排载荷的作用位置,以尽量降低弯矩的作用。

③ 在条件许可的情况下,尽量减小梁的跨度,当梁的跨度无法减小时,则可增加中间支座,此措施效果最为显著。

通过适当改善上述条件,可以起到提高梁的刚度的目的。

5.8　简单超静定梁

5.8.1　工程实例

在前面我们研究的都是有关静定梁的强度和刚度问题,这些梁的支座约束力都可以由静力平衡条件求得。但在工程实际中,由于工程结构的需要,常常给静定梁增加约束,以提高梁的强度和刚度,确会经常遇到超静定梁的问题。超静定梁问题在工程中应用很多,例如安装在车床卡盘上的工件如果比较细长,切削时就容易产生过大的弯曲变形,如图 5.27(a),影响加工精度。为减小工件的变形,常在工件的一端用尾架上的顶尖顶紧,这就相当于增加了一个辊轴支座,如图 5.27(b)所示。

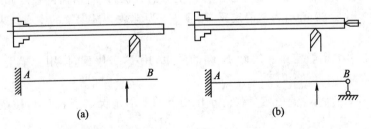

图 5.27

5.8.2 超静定梁

在工程实际中,由于工程结构的需要,常常给静定梁增加约束,以提高梁的强度和刚度。这样,就使得梁的约束反力数超过独立的平衡方程的数目,因而仅用静力平衡方程不能求出全部约束反力。这类梁称为超静定梁或静不定梁,如图 5.28 所示。

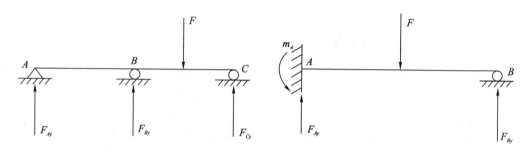

图 5.28

在超静定梁中,那些超过维持梁的静力平衡所需的约束,称为多余约束。与其相应的约束反力称为多余约束反力。未知反力的数目与独立的平衡方程数目之差称为超静定次数。显然,有几个多余约束反力就是几次超静定梁。

5.8.3 简单超静定梁的解法——变形比较法

解超静定梁的方法很多,这里介绍的变形比较法是解简单超静定梁的基本方法。

在分析超静定梁问题时,首先需要确定梁的超静定次数,几次超静定问题就要建立几个补充方程。因此解梁的超静定问题和解拉(压)超静定问题一样,要利用变形协调条件建立补充方程。用变形比较法解超静定梁的一般步骤为

① 首先选定多余约束,并把多余约束解除,使超静定梁变成静定梁——基本静定梁。

② 把解除的约束用未知的多余约束力代替。这时基本静定梁上除了作用着原来的载荷外,还作用了未知的多余约束力。

③ 列出基本静定梁在多余约束力作用处梁变形的计算式,并与原超静定梁在该约束处的变形进行比较,建立协调条件方程,求出多余约束力。

④ 在求出多余约束力的基础上,根据静力平衡条件,解出超静定梁的其他所有约束力。

⑤ 按通常的方法(已知外力求内力、应力、变形的方法)进行所需的强度和刚度计算。

【例 5.10】 图 5.29 所示为超静定梁,刚度 EI 为常数。试求梁的支座约束力并绘出剪力图和弯矩图。

解: ① 这是一次超静定梁。解除 B 端的约束,用 F_{B_y} 代替,作用于梁上,如图 5.29(b) 所示。

② 如图 5.29(c) 所示,梁在均布载荷 q 作用下的变形情况。查表 5.1,B 截面的挠度为

$$\omega_{B_q} = -\frac{ql^4}{8EI}$$

如图 5.29(d) 所示,梁在 F_{B_y} 作用下的变形情况。查表 5.1,B 截面的挠度为

$$\omega_{B_F} = +\frac{F_{B_y} l^3}{3EI}$$

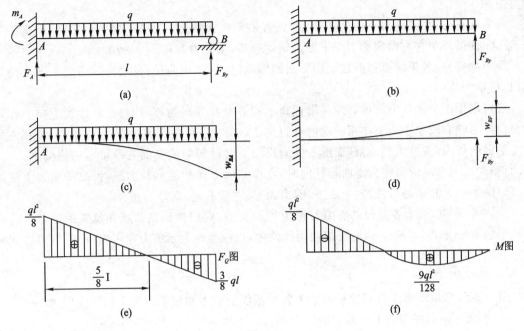

图 5.29

因为原超静定梁在 B 处受到支座的约束,实际上不可能发生竖向位移,即 $\omega_B = 0$,所以在 B 支座处的协调条件方程为

$$\omega_B = y_{Bq} + \omega_{B_F} = 0$$

即

$$-\frac{ql^4}{8EI} + \frac{F_{B_y} l^3}{3EI} = 0$$

解得

$$F_{B_y} = \frac{3ql}{8}$$

③ 根据静力平衡方程求出其他支座约束力

$$F_{A_y} = \frac{5ql}{8}, \qquad M_A = -\frac{ql^2}{8}$$

④ 绘出剪力图和弯矩图,如图 5.29(e)、(f)所示。

本章小结

① 弯曲变形的受力特点:在通过杆的轴线平面内,受到力偶或垂直于杆轴线的外力作用;变形特点是:杆的轴线由原来的直线变为曲线,这种形式的变形称为弯曲变形。以弯曲变形为主的杆件习惯上称为梁。

② 如果梁上的外力(包括荷载和支座反力)的作用线都位于纵向对称平面内,梁的轴线将弯曲成一条位于纵向对称平面内的平面曲线,这样的弯曲变形称为平面弯曲。

③ 运用截面法对梁进行内力分析可知,弯曲时梁横截面上一般存在两种内力:剪力 F_Q

和弯矩 M。

剪力的符号:如果剪力 F_Q 有使微段梁的左右两截面发生左上右下错动的趋势,则剪力为正;反之,使微段梁左右两截面有左下右上错动趋势,则剪力为负。

弯矩的符号:如果使梁弯曲成上凹下凸的形状时,则弯矩为正;反之使梁弯成下凹上凸形状时,弯矩为负。

可以根据梁上的外力直接确定某横截面上的剪力和弯矩的符号:截面左段梁上向上作用的横向外力或右段梁上向下作用的横向外力在该截面上产生的剪力为正,反之为负;截面左段梁上的横向外力(或外力偶)对截面形心的力矩为顺时针转向或截面右段梁上的横向外力(或外力偶)对截面形心的力矩为逆时针转向时,在该截面上产生的弯矩为正,反之为负。上述结论可归纳为一个简单的口诀"左上右下,剪力为正;左顺右逆,弯矩为正"。

④ 一般来说,梁上各截面的剪力与弯矩各不相等,它们都是截面所在位置的函数。若以梁的轴线为 x 轴,以坐标 x 表示梁横截面的位置,以纵坐标表示剪力和弯矩,可得剪力方程和弯矩方程,即

$$F_Q = F_Q(x), \qquad M = M(x)$$

剪力图和弯矩图可以直观地反映梁上各横截面上剪力和弯矩的大小和变化规律。

⑤ 平面弯曲梁横截面上任意点的应力

$$\sigma = \frac{My}{I_z}$$

对于等截面直梁,最大弯矩所在截面称为危险截面,危险截面上距离中性轴最远处的点称为危险点。要使梁具有足够的强度,必须使危险截面上的最大工作应力不超过材料的许用应力,其强度条件为

$$\sigma_{\max} = \frac{M_{\max} y_{\max}}{I_z} \leqslant [\sigma]$$

⑥ 梁弯曲变形时,其轴线由直线变成曲线,弯曲后的梁轴线称为挠曲线。平面弯曲时,挠曲线为一条连续光滑的平面曲线。横截面形心在垂直于梁轴线方向的位移称为挠度,用 ω 表示。横截面的角位移称为转角,用 θ 表示。

梁横截面的挠度 ω 和转角 θ 都随截面位置 x 而变化,是 x 的连续函数,即

$$\omega = \omega(x), \qquad \theta = \theta(x)$$

分别称为梁的挠曲线方程和转角方程。在小变形条件下,两者之间存在下面的关系

$$\theta = \tan\theta = \frac{d\omega}{dx}$$

即挠曲线上任一点处切线的斜率等于该处横截面的转角。

⑦ 计算梁的变形可采用积分法和叠加法。

⑧ 梁的刚度条件为

$$|y|_{\max} \leqslant [y]$$
$$|\theta|_{\max} \leqslant [\theta]$$

式中 $[y]$ 和 $[\theta]$ 分别为规定的许用挠度(mm)和许用转角(rad)。

习　题

一、填空题

1. 梁发生平面弯曲时,梁上的载荷与支反力位于＿＿＿＿＿＿平面内。

2. 一般情况下,梁受弯曲后横截面上的内力是剪力和＿＿＿＿＿＿。

3. 在梁的集中力偶作用处,梁的弯矩图发生＿＿＿＿＿＿。

4. 梁发生平面弯曲时,梁的轴线弯成一条连续光滑的平面曲线,此曲线称为＿＿＿＿。

5. 将工程实例简化成力学模型时,包括＿＿＿＿、＿＿＿＿、＿＿＿＿三个方面的简化。

6. 梁横截面上只有弯矩没有剪力时,这种变形称为＿＿＿＿。

二、选择题

1. 梁的挠曲线微分方程,$d^2y/dx^2 = M(x)/EI_z$ 在(　　)条件下成立。

　　A. 梁的变形属于小变形　　　　　　　B. 材料服从胡克定律

　　C. 挠曲线在平面内　　　　　　　　　D. 同时满足 A、B、C

2. 在下列关于梁转角的说法中,(　　)是错误的。

　　A. 转角是横截面绕中性轴转过的角位移

　　B. 转角是变形前后同一截面间的夹角

　　C. 转角是挠曲线的切线与轴向坐标轴间的夹角

　　D. 转角是横截面绕梁轴线转过的角度

3. 等强度梁的截面尺寸(　　)。

　　A. 与载荷和许用应力均无关

　　B. 与载荷无关,而与许用应力有关

　　C. 与载荷和许用应力均有关

　　D. 与载荷有关,而与许用应力无关

4. 受横力弯曲的梁横截面上的剪应力沿截面高度按(　　)规律变化,在(　　)处最大。

　　A. 线性,中性轴处　　　　　　　　　B. 抛物线,中性轴处

　　C. 抛物线,上下边缘处　　　　　　　D. 线性,上下边缘处

5. 等强度梁的截面尺寸(　　)。

　　A. 与载荷和许用应力均无关

　　B. 与载荷无关,而与许用应力有关

　　C. 与载荷和许用应力均有关

　　D. 与载荷有关,而与许用应力无关

三、判断题

1. 中性轴是梁的纵向对称面与中性层的交线。(　　)

2. 梁剪切弯曲时,其横截面上只有剪应力,无正应力。(　　)

3. 在利用积分计算梁位移时,积分常数主要反映了支承条件与连续条件对梁变形的影响。(　　)

4. 梁上集中力作用处,其弯矩图发生突变,而剪力图不变。(　　)

5. 在等截面梁中,正应力绝对值的最大值 σ_{max} 必出现在弯矩值 M 最大的截面上。(　　)

6. 简支梁的抗弯刚度 EI 相同,在梁中间受载荷 F 相同,当梁的跨度增大一倍后,其最大挠度增加四倍。(　　)

7. 当一个梁同时受几个力作用时,某截面的挠度和转角就等于每一个力单独作用下该截面的挠度和转角的代数和。(　　)

四、计算题

1. 画出下图梁的剪力图和弯矩图,并求 $|F_Q|_{max}$ 和 $|M|_{max}$。

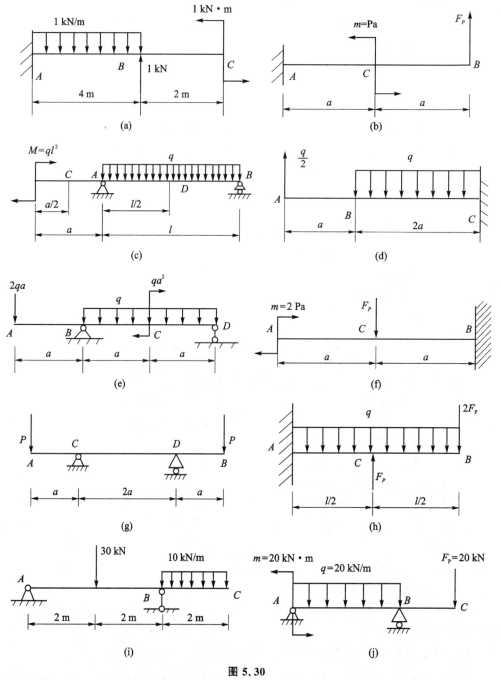

图 5.30

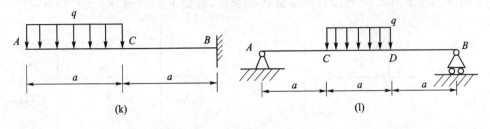

图 5.30(续)

2. 如图 5.31 所示一矩形截面的简支木梁,已知 $F=16$ kN。试求:(1) Ⅰ—Ⅰ 截面上 D、E、F、H 各点的正应力的大小和正负,并画出该截面的应力分布图;(2) 梁的最大正应力;(3) 若将梁的截面转 90°(图 5.31(b)变为图 5.31(c)),则截面上的最大正应力是原来的几倍?

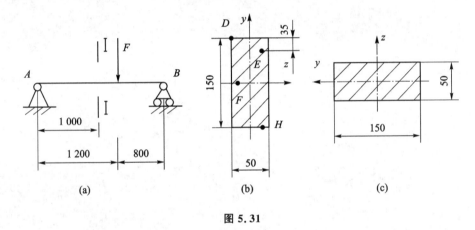

图 5.31

3. 一空心圆管外伸梁受载如图 5.32 所示。已知梁的最大正应力 $\sigma_{max}=150$ MPa,外径 $D=60$ mm,试求圆管的内径 d。

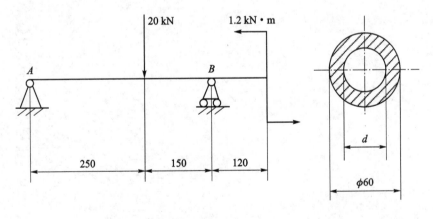

图 5.32

4. 一 18 号工字钢简支梁受载荷集度为 $q=8$ kN/m 的均布载荷作用,已知梁长 $l=2$ m,材料的弹性模量 $E=210GP$。试用积分法求梁的最大挠度和最大转角。

5. 用叠加法求图 5.33 所示各梁截面 A 的挠度,截面 B 的转角,EI 为已知常数。

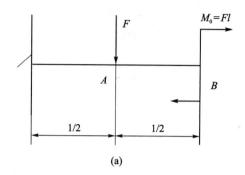

(a)

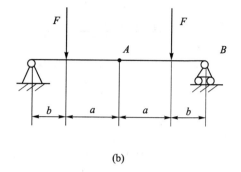

(b)

图 5.33

第6章 组合变形的强度计算

知识目标

- 掌握组合变形的分析方法和步骤。
- 掌握组合变形构件的三种类型强度问题设计与计算方法。

技能目标

- 能够对弯扭组合变形构件三种类型强度问题进行设计和计算。
- 能够对两向平面弯曲的组合变形及拉(压)弯组合变形构件三种类型强度问题进行设计和计算。

6.1 组合变形概述

6.1.1 组合变形

在载荷作用下,工程实际中的许多杆件将产生两种或两种以上的基本变形。杆件在外力作用下同时产生两种或两种以上的同数量级的基本变形的情况称为组合变形。例如,图 6.1 (a)的烟囱,在自重和风载荷的共同作用下产生的是轴向压缩和弯曲的组合变形;图 6.1(b)所示的齿轮传动轴在外力的作用下,将同时产生扭转变形及在水平平面和垂直平面内的弯曲变形;图 6.1(c)中的排架柱在偏心载荷的作用下将产生轴向压缩和弯曲的组合变形。

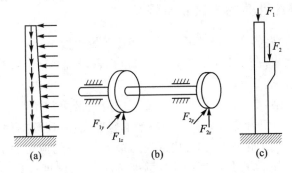

图 6.1

图 6.2(a)中的矩形截面梁(檩条),其矩形截面具有两个对称轴(也叫形心主轴)。作用在该梁上的外力(上部载荷与自重)的作用线虽通过截面的形心,但与其二形心主轴不重合。将外载荷沿二形心主轴分解,在每一分载荷 q_y 和 q_z 作用下都将产生平面弯曲,这就叫两向平面弯曲的组合变形。横截面上任一点处的正应力,可看作两个平面弯曲的正应力的叠加。而杆件的变形曲线一般不会发生在外力作用平面内。通常把外力所在平面与变形曲线所在平面不重合的弯曲称为斜弯曲。图 6.2(b)图悬臂吊车梁 AB、图 6.2(c)图空心墩、图 6.2(d)图厂房

支柱都产生压缩与弯曲组合变形。图 6.2(e)卷扬机轴产生弯曲与扭转组合变形。

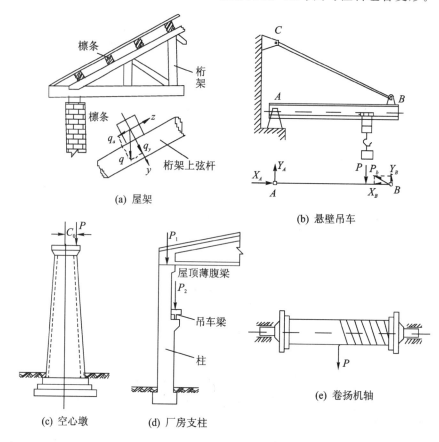

(a) 屋架

(b) 悬壁吊车

(c) 空心墩

(d) 厂房支柱

(e) 卷扬机轴

图 6.2

6.1.2 组合变形强度计算的方法和步骤

在工程中,构件受力后的变形与其原始尺寸相比较极为微小,称为小变形。例如土建上一般梁的挠度与跨度之比限制在(1/1 000~1/250)以内,机械制造业要求机床主传动轴的挠度与跨度之比限制在(1/10 000~1/5 000)以内,均属于小变形范围内。

组合变形下杆件的应力计算,将以各基本变形的应力及叠加法为基础。处理组合变形问题的方法是首先将构件的组合变形分解为几种基本变形,然后计算构件在每一种基本变形情况下的应力,最后将同一点(危险点:构件内部应力最大的点)的应力叠加起来,便可得到构件在组合变形情况下的应力,利用强度理论建立强度条件,进行强度计算。

叠加法是指在小变形和材料服从胡克定律(构件内应力不超过材料的比例极限)的前提下,杆件上各种力的作用彼此独立,互不影响,即杆件上同时有几种力作用时,一种力对杆件的作用效果(变形或应力)不影响另一种力对杆件的作用效果(或影响很小可以忽略)。因此组合变形下杆件内的应力,可视为几种基本变形下杆件内应力的叠加。

求解组合变形强度计算问题的一般步骤:分解—分别计算—叠加。

① 外力计算。

画出研究对象的受力图并利用静力平衡方程计算出未知的外力,将载荷简化为符合基本变形外力作用条件的静力等效力系,将载荷向构件轴线平移,外力分组分解为几种基本变形的受力。

② 内力计算。

分别计算每一种基本变形的内力,由内力图确定危险截面的位置。

③ 应力分析。

分别分析计算危险截面上每一种基本变形的应力及其分布情况。

④ 危险点应力分析。

将各种基本变形在危险点处的应力对应叠加,确定危险点的应力状态,计算主应力。

⑤ 强度计算。

由危险点的应力状态和构件材料,选用合适的强度理论,建立相应的强度条件并进行强度计算。

6.2　两向弯曲的强度计算

6.2.1　两向弯曲的工程实例

工程中有些梁的横向力不在梁的纵向对称面内,梁变形后的挠曲线与外力不在同一平面内,此类变形称为斜弯曲,可分解为两个互相垂直平面的平面弯曲,即两向弯曲。

处理梁的斜弯曲问题的方法:首先将外力分解为在梁的二形心主惯性平面内的分力,然后分别求解由每一组外力分力引起的梁的平面弯曲应力,将危险点应力叠加起来,建立强度条件,解答斜弯曲的强度计算问题。

图 6.3(a)所示矩形截面梁 AB,自由端 B 处作用集中力 F,F 与截面对称轴 y 的夹角为 φ。它产生的变形是斜弯曲。

6.2.2　两向弯曲的强度计算

图 6.3(a)所示梁的强度计算过程如下:

(1) 外力计算

将力 F 沿形心主轴分解为

$$F_y = F\cos\varphi$$
$$F_z = F\sin\varphi$$

梁在固定端约束反力和 F_y、F_z 作用下,将分别以 z、y 轴为中性轴产生平面弯曲。

(2) 内力计算

距固定端为 x 的截面上弯矩分别为

$$M_z = F\cos\varphi(l-x)$$
$$M_y = F\sin\varphi(l-x)$$

由弯矩图 6.3(b)、图 6.3(c)可见,危险截面为固定端 A 截面,最大弯矩

$$M_{Az} = Fl\cos\varphi, \qquad M_{Ay} = Fl\sin\varphi$$

(3) 应力分析

① A 截面上只有 M_{Az} 时,中性轴为 z 轴,有沿高度线性分布的正应力 σ',如图 6.3(d)

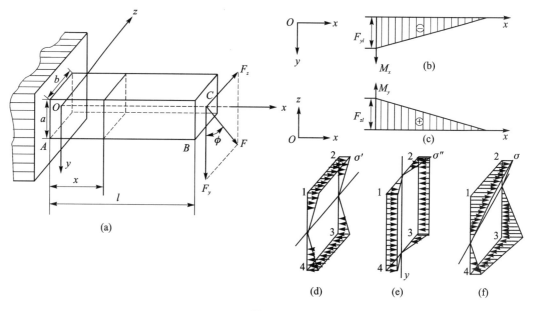

图 6.3

所示。

$$\sigma' = \frac{M_{Az}y}{I_z} = \frac{Fl\cos\varphi\, y}{\dfrac{bh^3}{12}}$$

截面上离 z 轴最远的上、下边缘 $\overline{12}$、$\overline{34}$ 处有最大的拉、压应力,其值相等。

$$\sigma'_{max} = \frac{M_{Az}}{W_z} = \frac{Fl\cos\varphi}{\dfrac{bh^2}{6}}$$

② A 截面上只有 M_{Ay} 时,中性轴为 y 轴,有沿宽度线性分布的正应力 σ'',如图 6.3(e)所示。

$$\sigma'' = \frac{M_{Ay}z}{I_y} = \frac{Fl\sin\varphi\, z}{\dfrac{hb^3}{12}}$$

A 截面上离 y 最远的左右边缘 $\overline{14}$、$\overline{23}$ 处有最大的拉、压应力,其值相等。

$$\sigma''_{max} = \frac{M_{Ay}}{W_y} = \frac{Fl\sin\varphi}{\dfrac{hb^2}{6}}$$

③ 将 M_z、M_y 引起的正应力 σ'、σ'' 代数叠加,可得 A 截面上的实际应力如图 6.3(f)所示。

$$\sigma = \sigma' + \sigma'' = \frac{M_{Az}}{I_z}y + \frac{M_{Ay}}{I_y}z$$

(4)危险点应力分析

可以看出 1、3 点为危险点,有最大拉、压应力,其值相等

$$\sigma_{max} = \sigma'_{max} + \sigma''_{max} = \frac{M_z}{W_z} + \frac{M_y}{W_y}$$

危险点为单向正应力状态。

（5）强度计算

矩形截面梁两向弯曲的强度条件实质上是单向正应力强度条件

$$\sigma_{\max} = \sigma'_{\max} + \sigma''_{\max} = \frac{M_z}{W_z} + \frac{M_y}{W_y} \leqslant [\sigma] \tag{6.1}$$

【例 6.1】　图 6.4 所示,由工字钢制造的檩条倾斜地安装在屋架上,檩条受到从屋面传来的均布载荷作用,其作用线与工字钢的腹板夹角 $\varphi = 30°$, $[\sigma] = 160\ \text{MPa}$,檩条长度 $l = 4\ \text{m}$,均布载荷 $q = 4\ \text{kN/m}$,试选择工字钢的型号。

解:① 外力计算。

因为分布载荷作用面不在形心主轴所在的纵向平面内,将其向形心主轴方向分解:

$$q_z = q\cos 30° = 4 \times 0.866\ \text{kN/m} = 3.464\ \text{kN/m}$$

$$q_y = q\sin 30° = 4 \times 0.5\ \text{kN/m} = 2\ \text{kN/m}$$

② 内力计算。

在檩条中点处弯矩最大,其值为

$$M_{y,\max} = \frac{1}{8}q_z l^2 = \frac{1}{8} \times 3.464 \times 4^2\ \text{kN·m} = 6.928\ \text{kN·m} \approx 6.93\ \text{kN·m}$$

$$M_{z,\max} = \frac{1}{8}q_y l^2 = \frac{1}{8} \times 2 \times 4^2\ \text{kN·m} = 4\ \text{kN·m}$$

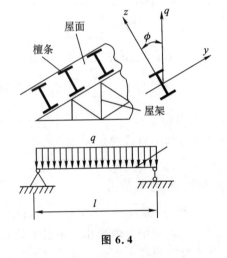

图 6.4

③ 强度计算。

檩条的强度条件为

$$\sigma_{\max} = \frac{M_{y,\max}}{W_y} + \frac{M_{z,\max}}{W_z} \leqslant [\sigma]$$

式中 W_y 与 W_z 均为未知数,但对于工字钢,W_y/W_z 之值通常在 8~10 之间,暂取 $W_y/W_z = 8$,将强度条件改写为

$$\sigma_{\max} = \frac{M_{y,\max}}{W_y} + \frac{M_{z,\max}}{\dfrac{W_y}{8}} \leqslant [\sigma]$$

$$W_y \geqslant \frac{M_{y,\max} + 8M_{z,\max}}{[\sigma]} = \frac{6.93 \times 10^3 + 8 \times 4 \times 10^3}{160 \times 10^6} \text{ m}^3 = 243 \times 10^{-6} \text{ m}^3 = 243 \text{ cm}^3$$

由型钢表可查出 20a 的工字钢与所求数值相近,20a 工字钢的 $W_z = 31.5 \text{ cm}^3$,$W_y = 237 \text{ cm}^3$ 将这些数值代入强度条件进行校核:

$$\sigma_{\max} = \left(\frac{6.93 \times 10^3}{237 \times 10^{-6}} + \frac{4 \times 10^3}{31.5 \times 10^{-6}} \right) \text{ MPa} = 156 \text{ MPa} < [\sigma]$$

檩条选用型号为 20a 的工字钢是合适的。如果经计算,强度不够,则选高号工字钢,直至强度满足。

6.2.3 圆截面轴的合成弯矩

图 6.5 所示圆截面轴 AB,若在其自由端 B 沿铅垂方向作用力 F_y,AB 将在铅垂平面(xy 平面)发生平面弯曲,其任意截面的弯矩为 $M_z = F_y x$,A 端截面的最大弯矩 $M_{Z_A} = F_y l$;若在 B 端沿水平方向作用力 F_z,AB 将在水平面(xz 平面)发生平面弯曲,任意 x 截面的弯矩为 $M_y = F_y x$,A 端截面的最大弯矩 $M_{Ay} = F_z l$。

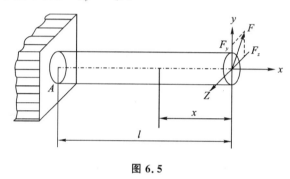

图 6.5

若将 B 端作用力 F_y、F_z 合成为一个 $F = \sqrt{F_y^2 + F_z^2}$,合力 F 使杆件在 F 力作用线与轴线确定的平面发生平面弯曲,任意横截面的合成弯矩为

$$M = Fx = \sqrt{F_y^2 + F_z^2}\, x = \sqrt{(F_y x)^2 + (F_z x)^2} = \sqrt{M_y^2 + M_z^2}$$

圆轴 AB 的最大合成弯矩在 A 截面,其值为

$$M_{\max} = \sqrt{M_{Ay}^2 + M_{Az}^2} = \sqrt{(F_y l)^2 + (F_z l)^2}$$

圆截面任一直径为其对称轴,圆截面轴在两个相互垂直平面的弯曲变形,可以合成为另一平面的平面弯曲,其任意截面合成弯矩值等于两相互垂直平面弯矩值的平方和再开方。圆截面对过形心的任一轴其抗弯截面模量相同,故仍为平面弯曲。

6.3 拉压与弯曲组合变形

6.3.1 拉压与弯曲组合变形工程实例

如图 6.6(a)所示摇臂钻床,在工件上钻孔时,钻头和工作台受到工件的反作用力 F,力 F 作用线与立柱轴线之间距离 a 称为偏心距。

根据力的平移定理,将力 F 平移到立柱轴线,如图 6.6(b)所示,在一对轴向拉力 F 的作用下,立柱产生轴向拉伸变形;在一对力偶 $M=Fa$ 的作用下,立柱产生弯曲变形。若不考虑摇臂钻床自重,则立柱产生拉伸与弯曲组合变形。

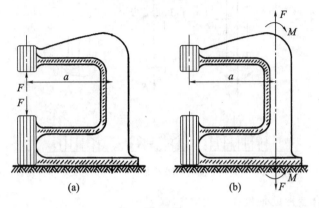

图 6.6

如图 6.7(a)所示简易起吊机 A、C 为固定铰支座,杆 AB 与 BC 在 B 处铰接。电葫芦吊起重量为 G 的物体可沿工字型横梁移动(略去各杆自重)。AB 梁受力如图 6.7(b)所示,在 F_{Ax}、F_{Bx} 作用下产生轴向压缩,在 F_{Ay}、G、F_{By} 作用下产生平面弯曲,AB 梁产生压缩与弯曲组合变形。

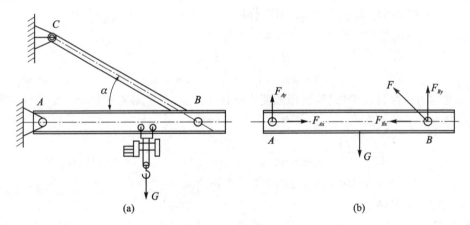

图 6.7

6.3.2 拉伸(压缩)与弯曲组合变形的强度计算

以钻床立柱为研究对象来建立拉压与弯曲组合变形的强度条件。

应用截面法将立柱沿 $m—n$ 截面处截开,取下半段为研究对象,在轴向力 F 单独作用下,立柱产生轴向拉伸变形,轴力 $F_N=F$,拉应力沿截面均匀分布,$\sigma_N=\dfrac{F_N}{A}$;在力偶 $M=Fa$ 单独作用下,立柱产生平面弯曲,弯矩 $M=Fa$,弯曲正应力线性分布,最大拉、压应力 $\sigma_w=\dfrac{M}{W_z}$。

各点处同时作用的正应力叠加,截面右侧边缘的各点处有最大拉应力,如图 6.8 所示。可见拉伸与弯曲组合变形的最大正应力发生在弯矩最大的截面上。

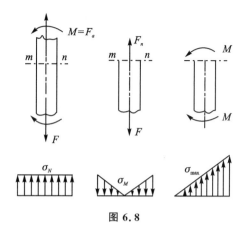

图 6.8

拉压与弯曲组合变形的强度条件为

$$\sigma_{\max}=\frac{F_N}{A}+\frac{M}{W_z}\leqslant[\sigma] \tag{6.2}$$

注:轴向压缩与平面弯曲组合变形,压缩应力为负值,危险点在截面左侧,最大应力的绝对值也是轴向压缩应力与平面弯曲应力之和,强度条件可用上式。

【例 6.2】 钻床钻孔时,已知钻削力 $F=15$ kN,偏心距 $a=0.4$ m,圆截面铸铁立柱的直径 $d=125$ mm,许用拉应力 $[\sigma^+]=35$ MPa,许用压应力 $[\sigma^-]=120$ MPa,试校核立柱的强度。

解:立柱各截面发生拉弯组合变形,其内力分别为

$$F_N=F=15 \text{ kN}$$
$$M=Fa=15 \times 0.4=6 \text{ kN·m}$$

由于立柱为脆性材料铸铁,其抗压性能大于抗拉性能,故应对立柱截面右侧边缘进行拉应力强度校核

$$\sigma_{\max}^+=\frac{F_N}{A}+\frac{M}{W_z}=\frac{15\times10^3}{\pi\times(125\times10^{-3})^2/4}+\frac{6\times10^3}{0.1\times(125\times10^{-3})^3}$$
$$=32.5\times10^6 \text{ Pa}=32.5 \text{ MPa}<[\sigma^+]$$

故立柱的强度足够。

【例 6.3】 简易起吊机如图 6.7 所示,其最大起吊重量 $G=15.5$ kN,横梁 AB 为工字钢,许用应力 $[\sigma]=170$ MPa,$l_{AC}=1.5$ m,$l_{AB}=3.4$ m,梁的自重不计,试按正应力强度条件选择工字钢的型号。

解:① 外力计算。

横梁 AB 可简化为简支梁,由于起吊机电葫芦可在 AB 之间移动,当电葫芦移动到梁跨中点时,是梁的危险状态。因此应以吊重作用于梁跨中点来计算支反力。列平衡方程可得

$$F_{By}=F_{Ay}=\frac{G}{2}=7.75 \text{ kN}$$

$$F_{Ax}=F_{Bx}=F_{Ay}\cot\alpha=7.75\times\frac{3.4}{1.5} \text{ kN}=17.57 \text{ kN}$$

力 F_{Ay}、G、F_{By} 沿 AB 的横向作用使梁 AB 发生弯曲变形。力 F_{Ax} 与 F_{Bx} 沿 AB 的轴向作用使 AB 梁发生轴向压缩变形。所以 AB 梁发生压缩与弯曲的组合变形。

② 内力计算。

当载荷作用于梁跨中点时,简支梁 AB 中点截面的弯矩值最大为

$$M_{\max} = \frac{Gl}{4} = 15.5 \times 3.4 \times \frac{1}{4} \text{ kN} \cdot \text{m} = 13.18 \text{ kN} \cdot \text{m}$$

横梁各截面的轴向压力为 $F_N = F_{Ax} = 16.57 \text{ kN}$

③ 根据强度条件选择工字钢型号。

由于在横梁中间的截面上弯矩最大,故此截面为危险截面。最大压应力发生在该截面的上边缘各点处。强度条件为

$$\sigma_{\max} = \frac{F_N}{A} + \frac{M_{\max}}{W_z} \leqslant [\sigma]$$

此强度条件含有截面积 A 和抗弯截面系数 W_z 两个未知量,不易确定。为便于计算可以先不考虑压缩正应力,只根据弯曲正应力强度条件初步选择工字钢型号,再按拉压与弯曲组合变形强度条件进行校核。

由弯曲正应力强度条件 $\sigma_{\max} = \dfrac{M_{\max}}{W_z} \leqslant [\sigma]$

$$W_z \geqslant \frac{M_{\max}}{[\sigma]} = \frac{13.18 \times 10^3}{170 \times 10^6} \text{ m}^3 = 77.5 \times 10^{-6} \text{ m}^3 = 77.5 \text{ cm}^3$$

查型钢表,选 14 号工字钢,其 $W_z = 102 \text{ cm}^3 = 102 \times 10^{-6} \text{ m}^3$,$A = 21.5 \text{ cm}^2 = 21.5 \times 10^{-4} \text{ m}^2$。

按拉压与弯曲组合变形的强度条件校核

$$\sigma_{\max} = \frac{F_N}{A} + \frac{M_{\max}}{W_z} = \left(\frac{16.57 \times 10^3}{21.5 \times 10^{-4}} + \frac{13.18 \times 10^3}{102 \times 10^{-6}} \right) \text{ Pa}$$

$$= 137 \times 10^6 \text{ Pa} = 137 \text{ MPa} < [\sigma]$$

选用 14 号工字钢梁的强度足够。如果强度不够,可以放大工字钢型号进行校核,直到满足强度条件为止。

6.4　弯扭组合变形的强度计算

6.4.1　弯扭组合变形工程实例

工程中的许多受扭杆件,在发生扭转变形的同时,还常会发生弯曲变形,当这种弯曲变形不能忽略时,则应按弯曲与扭转的组合变形问题来处理。例如在如图 6.2(e)中所示的卷扬机轴,绳子的拉力除会使卷扬机轴发生扭转以外还将使卷扬机轴发生弯曲。

变速器工作时,由于齿轮上有圆周力、径向力和轴向力作用,其轴要承受扭矩和弯矩。因此变速器的轴应有足够的刚度和强度。因为刚度不足的轴会产生弯曲变形,破坏了齿轮的正确啮合,对齿轮的强度、耐磨性和工作噪声等均有不利影响。所以设计变速器轴时,把能保证齿轮实现正确啮合的大小合适的刚度作为前提条件。对齿轮工作影响最大的是轴在垂直面内产生的挠度和轴在水平面内的转角。前者使齿轮中心距发生变化,破坏了齿轮的正确啮合;后者使齿轮相互歪斜,致使沿齿长方向的压力分布不均匀。

图 6.9 所示皮带轮的轴,承受的皮带拉力向轴线简化为合力 P 和力偶 M_t 作用,如图 6.10 所示,在 M_t 与电机作用下 AE 段产生扭转变形,在 P 与轴承约束力作用下 CB 段产生平面弯曲变形,该轴 AE 段产生弯曲与扭转组合变形。

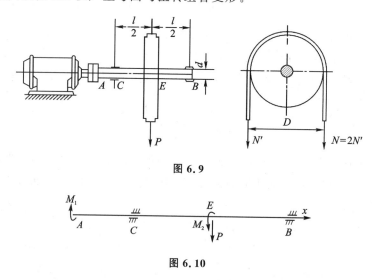

图 6.9

图 6.10

6.4.2 计算方法和步骤

扭转与弯曲的组合变形是机械工程中最常见的情况。现以图 6.11 所示的传动轴为例,说明杆件在扭弯组合变形下的强度计算。

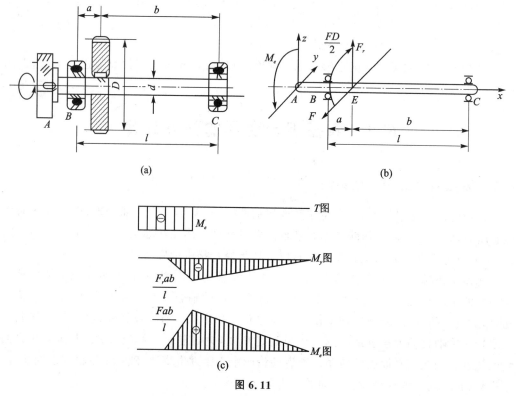

(a)

(b)

(c)

图 6.11

（1）外力计算

轴的左端联轴器与电机轴连接，根据轴所传递的功率 P 和转速 n，可以求得经联轴器传给轴的力矩 M_e。此外，作用于直齿圆柱齿轮上的啮合力可以分解为圆周力 F 和径向力 F_r。圆周力 F 向轴线简化后，得到作用于轴线上的横向力 F 和力矩 $FD/2$。

由平衡方程 $\Sigma M_x = 0$ 可知：$FD/2 = M_e$。

传动轴的计算简图如图 6.11(b) 所示。力矩 M_e 和 $FD/2$ 引起传动轴的扭转变形；而横向力 F 和径向力 F_r 与轴承的约束力引起轴在水平面和垂直面内的平面弯曲变形。

（2）内力计算

根据轴的计算简图，分别作出轴的扭矩 T 图、垂直平面内 M_y 和水平面内 M_z 的弯矩图，如图 6.11(c) 所示。轴在 AE 段上，扭矩皆相等，但在截面 E 处，两个面上的弯矩 M_y 和 M_z 都为极值。故危险截面为截面 E，其上的内力矩为

$$T = M_e = \frac{FD}{2}, \qquad M_{y,\max} = \frac{F_r ab}{l}, \qquad M_{z,\max} = \frac{Fab}{l}$$

如图 6.12(a) 所示，对圆截面轴，通过圆心（形心）的任意方向的轴均为对称轴，因而合力矩 $M = \sqrt{M_y^2 + M_z^2}$ 作用轴即中性轴，因而在 M 作用下圆轴产生平面弯曲。

（3）应力分析

M 作用下圆轴产生弯曲正应力 σ，在 D_1 点和 D_2 点处为极值；在扭矩 T 作用下圆轴产生切应力 τ，在边缘处达到极值，故 D_1 和 D_2 是危险点。应力分布如图 6.12(b) 所示，应力极值分别为

$$\sigma = \frac{M}{W} = \frac{\sqrt{M_y^2 + M_z^2}}{W}, \qquad \tau = \frac{T}{W_P}$$

（4）危险点应力分析

危险点 D_1 和 D_2 应力状态如图 6.12(c) 所示，可以看出，两点均为二向应力状态。传动轴一般选用塑性材料，只需要校核一点的强度就可以了。

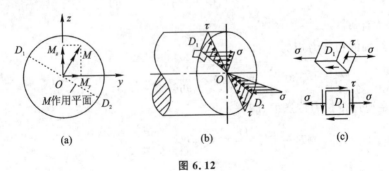

图 6.12

（5）强度计算

对塑性材料，圆轴承受弯曲与扭转组合变形的强度条件分别为

$$\sigma_{r3} = \frac{1}{W}\sqrt{M^2 + T^2} \leqslant [\sigma] \tag{6.3}$$

$$\sigma_{r4} = \frac{1}{W}\sqrt{M^2 + 0.75T^2} \leqslant [\sigma] \tag{6.4}$$

6.4.3 实例分析

【例 6.4】 齿轮轴 AB 如图 6.13(a)所示。已知轴的转速 $n=966$ r/min,输入功率 $P=2.2$ kW,带轮的直径 $D=132$ mm,带拉力约为 600 N。齿轮 E 节圆直径 $d_1=168$ mm,压力角 $\alpha=20°$,轴的直径 $d=35$ mm,材料为 45° 钢,许用应力 $[\sigma]=80$ MPa,试校核轴的强度。

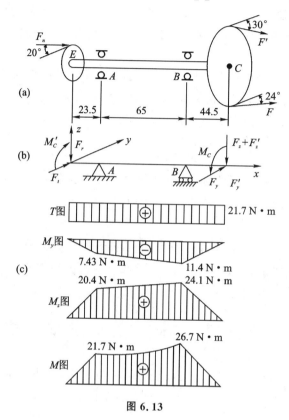

图 6.13

解: ① 外力计算。

带轮传递给轴的扭转力矩为

$$M_e = 9\,550\,\frac{N}{n} = 9\,550 \times \frac{2.2}{966}\ \text{N} \cdot \text{m} = 21.7\ \text{N} \cdot \text{m}$$

力矩 M_e 是通过带拉力传送的,应有

$$(F - F')\frac{D}{2} = M_e \Rightarrow \begin{cases} F - F' = 330\ \text{N} \\ F + F' = 600\ \text{N} \end{cases}$$

可得

$$F = 465\ \text{N}, \qquad F' = 135\ \text{N}$$

齿轮上法向力 F_n 对轴线的力矩与带轮上的扭转力矩相等,可得

$$F_n = \frac{2M_e}{d_1 \cos 20°} = 237\ \text{N}$$

将齿轮上的法向力和带轮的拉力向轴线简化。简化后得到 M_e' 和 M_e,大小相等,方向相反,引起轴的扭转变形。

向 x 轴简化后,作用于轴线上的横向力 F_t、F_r、F、F' 与轴承约束力引起轴的弯曲变形。把这些横向力都分解成平行于 y 轴和 z 轴的分量,并表示于图 6.13(b)中。

② 内力计算。

作出扭矩图和两个互垂平面内的弯矩图,如图 6.13(c)所示。依据内力图可知危险截面为 B 截面。该截面上的扭矩和合成弯矩为

$$T = 21.7 \text{ N} \cdot \text{m}$$

$$M = \sqrt{M_y^2 + M_z^2} = 26.7 \text{ N} \cdot \text{m}$$

③ 采用第三强度理论作强度校核。

$$\sigma_{r3} = \frac{1}{W}\sqrt{M^2 + T^2} = \frac{32\sqrt{26.7^2 + 21.7^2}}{3.14 \times 0.035^3} \text{ Pa} = 8.09 \times 10^6 \text{ Pa} = 8.09 \text{ MPa} < [\sigma]$$

故强度满足要求。

【例 6.5】　如图 6.14 所示的带传动,已知带轮直径 $D = 500$ mm,轴的直径 $d = 90$ mm,跨度 $l = 1\,000$ mm,带的紧边拉力 $F_1 = 8\,000$ N,松边拉力 $F_2 = 4\,000$ N,轴的材料为 35 钢,其许用应力 $[\sigma] = 60$ MPa,试用第四强度理论校核此轴的强度。

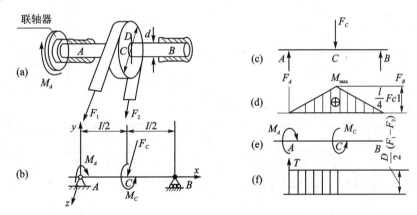

图 6.14

解：截面 C 为危险截面,该截面上的弯矩与扭矩值分别为

$$M = (F_2 + F_1)(l/4) = (8\,000 + 4\,000) \times 1\,000/4 = 3\,000 \text{ N} \cdot \text{m}$$

$$T = (F_1 - F_2)(D/2) = (8\,000 - 4\,000) \times 500/2 \text{ N} \cdot \text{m} = 1\,000 \text{ N} \cdot \text{m}$$

将上面计算的数值代入强度计算公式

$$\sigma_{r4} = \frac{\sqrt{M^2 + 0.75T^2}}{W_z}$$

$$= \frac{\sqrt{(3\,000 \times 10^3)^2 + 0.75 \times (1\,000 \times 10^3)^2}}{\dfrac{\pi 90^3}{32}} \text{ MPa}$$

$$= 44.2 \text{ MPa} < [\sigma]$$

故此轴的强度足够。

应当指出,上例因只在水平平面内有力 $(F_2 + F_1)$ 作用,故只在水平平面内产生弯矩。但在一般情况下,在水平平面内和垂直平面内都有力的作用。

如图 6.15(a)所示为装有斜齿轮的轴 AB,此时齿轮节圆周上作用着径向力 F_r、圆周力 F_t 和轴向力 F_a,如图 6.15(b)所示。经简化,径向力 F_r 在垂直平面(V 面)内,轴向力 F_a 向轴线平移后得力 F_a 和弯矩 M_c 也在垂直平面内(见图 6.15(c));圆周力 F_t 向轴心简化后得到力 F_t 和扭矩 T_c,力 F_t 作用在水平平面(H 面)内(见图 6.15(e)),故 AB 轴在水平平面和垂直平面内都产生弯矩(M_H、M_V)(见图 6.15(d)、图 6.15(f))。这时只需将两个互相垂直平面内的弯矩几何相加得合成弯矩 M。M 由式 $M=\sqrt{M_H^2+M_V^2}$ 求得,轴向力 F_a 引起轴截面上的正应力可与合成弯矩引起的正应力代数叠加,其余计算同上。

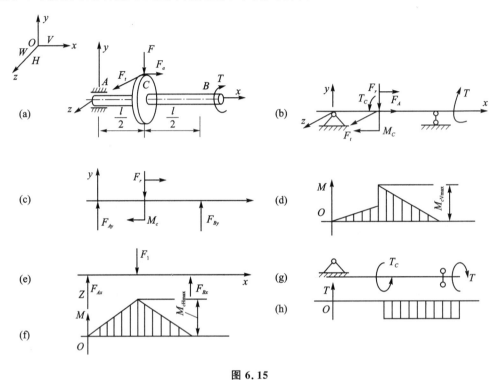

图 6.15

本章小结

1. 本章重点内容总结

① 按照叠加原理可以将组合变形问题分解为两种以上的基本变形问题来处理。

② 运用叠加法来处理组合变形问题的条件是

a. 线弹性材料,加载在弹性范围内,即服从胡克定律;

b. 小变形,保证内力、变形等与诸外载加载次序无关。

叠加法的主要步骤为:将组合变形按基本变形的加载条件或相应内力分量分解为几种基本变形;根据各基本变形情况下的内力分布,确定危险面;根据危险面上相应内力分量画出应力分布图,由此找出危险点;根据叠加原理,得出危险点应力状态;根据构件的材料选取强度理论,由危险点的应力状态,写出构件在组合变形情况下的强度条件,进而进行强度计算。

③ 典型的组合变形问题:

a. 两个互相垂直平面内的平面弯曲问题的组合。像矩形截面这样 $I_y \neq I_z$ 的情况，则组合变形为斜弯曲。若像圆形截面这样 $I_y = I_z$，则组合变形仍为平面弯曲，对其危险点可以写出强度条件

$$\sigma_{\max} = \frac{M}{W} = \frac{1}{W}\sqrt{M_y^2 + M_z^2} \leqslant [\sigma]$$

b. 拉伸（或压缩）与弯曲的组合。此时的弯曲可以是一个平面内的平面弯曲，也可以是两个平面内的平面弯曲组合成斜弯曲，与拉伸（或压缩）组合以后危险点的应力状态仍为单向应力状态，因此只是在写危险点 $\sigma_{\max}$ 时，在前文的基础上再叠加上拉伸（或压缩）应力。此类问题的特点是中性轴不再通过截面形心。对于混凝土这类抗拉强度大大低于抗压强度的脆性材料制成的偏心压缩构件（如短柱），强度设计时往往考虑截面形心问题。

c. 弯曲与扭转的组合。工程上常见的有圆轴和曲柄轴（带有矩形截面的曲柄和圆形截面的轴颈）。因为受力较复杂，分析危险面时，应画出弯矩图与扭矩图；分析危险点时，应画出相应的应力分布图；分析强度条件时应根据材料和危险点应力状态。对于圆轴，最后的强度条件可以按危险面上的内力分量得出，如钢材，可按第三强度理论

$$\sigma_{r3} = \frac{\sqrt{M_y^2 + M_z^2 + M_x^2}}{W} \leqslant [\sigma]$$

按第四强度理论

$$\sigma_{r3} = \frac{\sqrt{M_y^2 + M_z^2 + 0.75M_x^2}}{W} \leqslant [\sigma]$$

2. 本章内容之间的内在联系及其与其他章节的关系

解决了杆件在基本变形情况下的强度问题以后，继续研究杆件在组合变形情况下的强度问题，来研究强度问题的普遍规律。

针对在工程实际中常遇到的组合变形问题，如拉伸或压缩与弯曲、弯曲与扭转的组合，来掌握利用叠加法解决组合变形问题的基本方法步骤。

学生通过对本章的学习，应该明确组合变形的概念，能够建立常见组合变形的强度条件，分析解决工程实际中组合变形杆件强度的计算问题。要求学生熟练掌握杆件组合变形计算的全部过程，包括：内力分析、作内力图、判断危险截面和危险点、作出危险点的原始单元体图、正确运用强度理论进行强度计算。

3. 解题方法和步骤

求解组合变形强度计算问题的一般步骤：分解—分别计算—叠加。

① 外力计算。

画出研究对象的受力图并利用静力平衡方程计算出未知的外力，将外力分组，分解为几种基本变形的受力。

② 内力计算。

分别计算每一种基本变形的内力，由内力图确定危险截面的位置。

③ 应力分析。

分别分析计算危险截面上每一种基本变形的应力及其分布情况。

④ 危险点应力分析。

将各种基本变形在危险点处的应力对应叠加，确定危险点的应力状态，计算主应力。

⑤ 强度计算。

由危险点的应力状态和构件材料,选用合适的强度理论,建立相应的强度条件并进行强度计算。

4. 有关解题技巧总结

求解组合变形强度计算问题的一般步骤:

① 外力计算。

a. 准确画出研究对象的受力图,根据约束的类型和构件在主动力作用下的运动或运动趋势(移动趋势有反方向约束力、转动趋势有反方向约束力偶)画出约束力。

b. 利用静力平衡方程,求解计算每一种基本变形内力时需要的约束力。

c. 利用力的平移定理,把作用线不通过构件轴线的力平移到构件的轴线。

d. 把作用线不在构件纵向对称面的力正交分解为纵向对称面的力和垂直纵向对称面的力。

e. 按引起的基本变形类型对外力分组,使每一组外力只产生一种基本变形。

② 内力计算。

a. 分别计算构件在每一种基本变形下的内力(轴力、剪力、弯矩),分别绘出各基本变形的内力图,确定危险截面位置。

b. 确定出危险截面上各种基本变形的内力。

③ 应力分析。

a. 分别计算构件在每一种基本变形下,危险截面上的应力。

b. 根据各种变形应力分布规律,确定危险点。

④ 危险点应力分析。

a. 利用叠加原理分析危险点应力分析,危险点应力就是各种基本变形下该点应力的叠加。

b. 如果危险点是复杂应力状态,就要画出单元体,计算出主应力。

⑤ 强度计算。

根据题目要求或构件材料及应力状态选择强度理论,建立强度条件,进行强度计算。

习 题

一、填空题

1. 杆件受力时产生_____的基本变形为组合变形,工程中常见的组合变形有_____的组合变形、_____的组合变形。

2. 偏心拉伸(压缩)是拉伸(压缩)与_____的组合变形。

3. 外力作用线平行于杆轴线但不通过横截面形心,则杆产生_____。

4. 圆轴处于弯曲与扭转组合变形时,其横截面上各点(除轴心外)均处于_____应力状态。

5. 构架受力如图 6.16 所示,试问 CD,BC 和 AB 段各产生哪些基本变形?

(1) CD 段_____;

(2) BC 段_____;

（3）AB 段＿＿＿＿＿＿＿＿＿＿＿＿＿＿＿＿＿＿＿＿＿＿＿。

6. 试分析如图 6.17 所示曲杆 ABCD 各段为何种变形：

CD 段为＿＿＿＿＿＿＿＿＿＿＿＿＿＿＿＿＿＿＿＿＿变形；

BC 段为＿＿＿＿＿＿＿＿＿＿＿＿＿＿＿＿＿＿＿＿＿变形；

AB 段为＿＿＿＿＿＿＿＿＿＿＿＿＿＿＿＿＿＿＿＿＿变形。

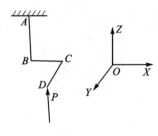 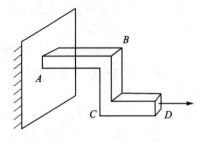

图 6.16　　　　　　　　　　　　　　图 6.17

二、选择题

1. 在偏心拉伸（压缩）的情况下，受力杆件中各点应力状态为（　　）。

    A. 单向应力状态　　　　　　　　　　B. 二向应力状态

    C. 单向或二向应力状态　　　　　　　D. 单向应力状态或零应力状态

2. 一折杆受力如图 6.18 所示。其中 AB 杆的变形为（　　）。

    A. 扭转　　　　　　　　　　　　　　B. 弯曲与扭转组合

    C. 弯曲　　　　　　　　　　　　　　D. 弯曲与弯曲

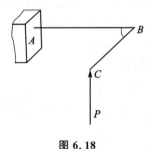

图 6.18

3. 双对称截面梁在两相互垂直纵向对称平面内发生弯曲时，截面上中性轴的特点是（　　）。

    A. 各点横截面上的剪应力为零　　　　B. 中性轴是不通过形心的斜直线

    C. 中性轴是通过形心的斜直线　　　　D. 与材料的性质有关

4. 材料力学中，关于中性轴位置，有以下几种论述，试判断正确的是（　　）。

    A. 中性轴不一定在横截面内，但如果在横截面内它一定通过截面的形心

    B. 中性轴只能在横截面内，并且必须通过其形心

    C. 中性轴只能在横截面内，但不一定通过其形心

    D. 中性轴不一定在横截面内，而且也不一定通过其形心

5. 一圆轴横截面直径为 d，危险横截面上的弯矩为 M，扭矩为 T，W 为抗弯截面模量，则危险点处材料的第三强度理论相当应力表达式为（　　）。

A. $\dfrac{\sqrt{M^2+T^2}}{W}$ 　　　　　　　B. $\dfrac{\sqrt{M^2+0.75T^2}}{W}$

C. $\dfrac{\sqrt{M^2+4T^2}}{W}$ 　　　　　　　D. $\dfrac{\sqrt{M^2+3T^2}}{W}$

6. 下列关于中性层和中性轴的说法,不正确的是( )。

   A. 中性层是梁中既不伸长也不缩短的一层纤维

   B. 中性轴就是中性层

   C. 中性层以上纤维层受压,以下纤维层受拉

   D. 中性层与横截面的交线即为中性轴

7. 下列命题正确的是( )。

   A. 偏心受压杆件的横截面上无拉应力

   B. 偏心受压杆件中,中性轴的位置与外荷载的大小无关

   C. 偏心压缩时一定存在弯曲变形

   D. 偏心拉伸截面上一定无压应力

8. 一圆轴横截面直径为 d,危险横截面上的弯矩为 M,扭矩为 T,W 为抗弯截面模量,则危险点处材料的第四强度理论相当应力表达式为( )。

A. $\dfrac{\sqrt{M^2+T^2}}{W}$ 　　　　　　　B. $\dfrac{\sqrt{M^2+0.75T^2}}{W}$

C. $\dfrac{\sqrt{M^2+4T^2}}{W}$ 　　　　　　　D. $\dfrac{\sqrt{M^2+3T^2}}{W}$

9. 图 6.19 所示矩形截面梁在截面 B 上分别作用有水平力 F_p 及铅垂力 F_p,那么,最大拉应力和最大压应力发生在危险截面 A 上哪些点上( )。

   A. $\sigma_{\max}^{+}$ 发生在 a 点,$\sigma_{\max}^{-}$ 发生在 b 点

   B. $\sigma_{\max}^{+}$ 发生在 c 点,$\sigma_{\max}^{-}$ 发生在 d 点

   C. $\sigma_{\max}^{+}$ 发生在 b 点,$\sigma_{\max}^{-}$ 发生在 a 点

   D. $\sigma_{\max}^{+}$ 发生在 d 点,$\sigma_{\max}^{-}$ 发生在 b 点

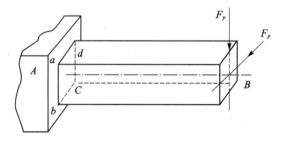

图 6.19

10. 一端固定,一端自由的圆轴,所受载荷如图 6.20 所示,则其( )。

   A. AB 段只发生扭转变形,BC 段只发生弯曲变形

   B. AB 段只发生扭转变形,BC 段发生弯扭组合变形

   C. AB 段发生弯扭组合变形,BC 段只发生弯曲变形

D. AB 段和 BC 段均发生弯扭组合变形

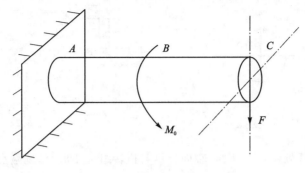

图 6.20

三、判断题

1. 构件发生的变形若不是基本变形就一定是组合变形。（　　）

2. 轴向拉（压）与弯曲组合变形的细长杆内各点均为单向应力状态,弯曲切应力可以忽略不计。（　　）

3. 材料在静载荷作用下的失效形式主要有断裂和屈服两种。（　　）

4. 圆截面梁的两向弯曲可以合成为平面弯曲。（　　）

5. 非圆截面梁的斜弯曲可以分解为两向平面弯曲。（　　）

6. 两个互相垂直平面内的平面弯曲和拉伸（或压缩）与弯曲的组合变形危险点只有单向正应力。（　　）

7. 弯曲与扭转的组合危险点既有正应力,也有切应力,必须计算主应力,用强度理论建立强度条件,进行强度计算。（　　）

四、简答题

1. 杆件组合变形问题用叠加法分析求解须满足什么条件? 为什么?

2. 用叠加原理解决组合变形强度问题的步骤是什么?

3. 圆形截面杆,在相互垂直的两个平面内发生平面弯曲,如何计算截面上的合成弯矩?

4. 当矩形截面处于双向弯曲轴向拉压与扭转组合变形时,危险点位于何处? 如何计算危险点处的应力并建立相应的强度条件?

5. 为什么弯曲与拉伸组合变形时只须校核拉应力强度条件,而弯曲与压缩组合变形脆性材料要同时校核拉应力和压应力强度条件?

6. 拉（压）弯组合件危险点的位置如何确定? 建立强度条件时为什么不必利用强度理论?

7. 如图 6.21 所示等截面直杆的矩形和圆形横截面,受到弯矩 M_y 和 M_z 的作用,它们的最大正应力是否都可以用公式 $\sigma_{max}=\dfrac{M_y}{W_y}+\dfrac{M_z}{W_z}$ 计算? 为什么?

8. 拉压和弯曲的组合变形,与偏心拉压有何区别和联系?

9. 试问图 6.22 所示各折杆各段的组合变形形式。

10. 同时承受拉伸、扭转和弯曲变形的圆截面杆件,按第三强度理论建立的强度条件是否可写成如下形式? 为什么?

$$\sigma_{rs}=\frac{F_N}{A}+\frac{\sqrt{M^2+T^2}}{W_z}\leqslant[\sigma]$$

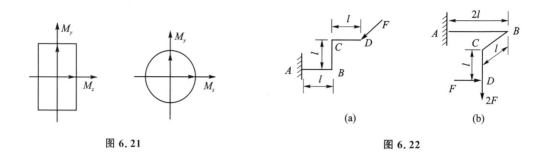

图 6.21   图 6.22

11. 当矩形截面杆处于双向弯曲、轴向拉压与扭转组合变形时,危险点位于何处? 如何计算危险点处的应力并建立相应的强度条件?

12. 当圆轴处于弯扭组合及弯拉(压)扭组合变形时,横面上存在哪些内力? 应力如何分布? 危险点处于何种应力状态? 如何根据强度理论建立相应的强度条件?

13. 弯扭组合的圆截面杆,在建立强度条件时,为什么要用强度理论?

14. 对处在扭转和弯曲组合变形下的杆,怎样进行应力分析,怎样进行强度校核?

五、综合题

1. 图 6.23 所示由木材制成的矩形截面悬臂梁,在梁的水平对称面内受到 $P_1 = 800$ N 作用,在铅直对称面对受到 $P_2 = 1\,650$ N,木材的许用应力 $[\sigma] = 10$ MPa。若矩形截面 $h = 2b$,试确定其截面尺寸。

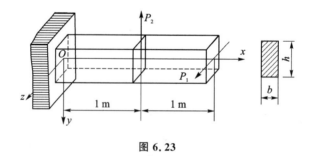

图 6.23

2. 某水塔水箱盛满水连同基础总重 $W = 2\,000$ kN,离地面 $H = 15$ m 处受水平风力的合力 $F = 60$ kN 的作用。已知圆形基础的直径 $d = 6$ m,埋深 $h = 3$ m,地基为红黏土,其许用应力 $[\sigma] = 0.15$ MPa。试校核基础底部地基土的强度。

3. 图 6.24 所示旋转式起重机由工字钢梁 AB 及拉杆 BC 组成,A、B、C 三处均可简化为铰链约束。起重荷载 $F_p = 22$ kN,$l = 2$ m。已知 $[\sigma] = 100$ MPa,试选择 AB 梁的工字钢型号。

4. 已知图 6.25 所示钻机钻杆的材料为 20 号无缝钢管,外径 $D = 152$ mm,内径 $d = 120$ mm,钻杆最大推进压力 $P = 180$ kN,扭矩 $M_n = 18$ kN · m,材料的许用应力 $[\sigma] = 100$ MPa,试按第三强度理论校核钻杆的强度。

5. 图 6.26 所示为用灰铸铁 HT150 制成的压力机框架,许用拉应力 $[\sigma_t] = 30$ MPa,许用压应力 $[\sigma_e] = 80$ MPa。试校核框架立柱的强度。

6. 图 6.27 所示檩条两端简支于屋架上,檩条的跨度 $l = 4$ m,承受均布荷载 $q = 2$ kN/m,矩形截面 $b \times h = 15$ cm × 20 cm,木材的许用应力 $[\sigma] = 10$ MPa,试校核檩条的强度。

7. 图 6.28 所示简支梁选用 25a 号工字钢。作用在跨中截面的集中荷载 $P = 5$ kN,其作用线与截面的形心主轴 y 的夹角为 $30°$,钢材的许用应力 $[\sigma]=160$ MPa,试校核此梁的强度。

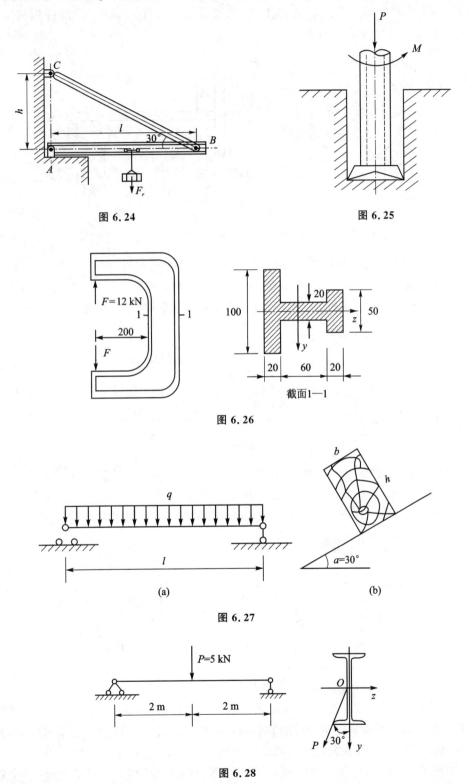

图 6.24

图 6.25

图 6.26

图 6.27

图 6.28

8. 图 6.29 所示轴 AB 上装有两个轮子,一轮轮缘上受力作用,另一轮上绕一绳,绳端悬挂一重 $Q=6$ kN 的物体。若此轴在力 P 和 Q 作用下处于平衡状态,轴的许用应力 $[\sigma]=60$ MPa,试按第三强度理论求轴的直径。

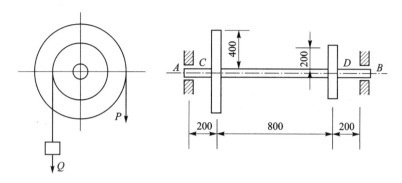

图 6.29

9. 精密磨床砂轮轴如图 6.30 所示(单位:mm),已知电动机功率 $N=3$ kW,转速 $n=1\,400$ rpm,转子重量 $Q_1=101$ N,砂轮直径 $D=250$ mm,砂轮重量 $Q_2=275$ N,磨削力 $P_y/P_z=3$,砂轮轴直径 $d=50$ mm,材料为轴承钢,$[\sigma]=60$ MPa,试校核轴的强度。

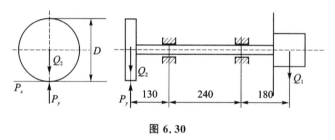

图 6.30

10. 皮带轮传动轴如图 6.31 所示,皮带轮 1 的重量 $W_1=800$,直径 $d_1=0.8$ m,皮带轮的重量 $W_2=1\,200$ N,直径 $d_2=1$ m,皮带的紧边拉力为松边拉力的二倍,轴传递功率为 100 kW,转速为每分钟 200 转。轴材料为 45 钢,$[\sigma]=80$ MPa,试求轴的直径。

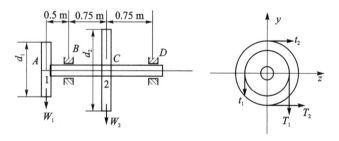

图 6.31

11. 如图 6.32 所示功率 $P=8.8$ kW 的电动机轴以转速 $n=800$ r/min 转动,胶带传动轮的直径 $D=250$ mm,胶带轮重量 $G=700$ N,轴可以看成长度为 $l=120$ mm 的悬臂梁,其许用应力 $[\sigma]=100$ MPa。试按最大切应力理论设计轴的直径 d。

12. 如图 6.33 所示,已知 $F_r=2$ kN,$F_t=5$ kN,$M=1$ kN·m,$l=600$ mm,齿轮直径 $=400$ mm,轴的 $[\sigma]=100$ MPa,求传动轴直径 d。

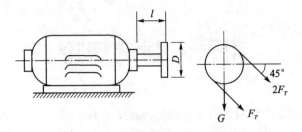

图 6.32

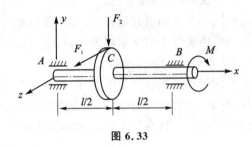

图 6.33

13. 如图 6.34 所示,转轴处于平衡状态。已知 $F_2 = 2$ kN, $d = 80$ mm, $D_1 = 500$ mm, $D_2 = 1\,000$ mm,轴的材料的许用应力 $[\sigma] = 80$ MPa。试用第四强度理论校核该轴的强度。

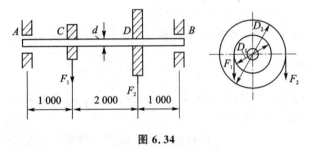

图 6.34

14. 图 6.35 所示圆截面悬臂梁中,集中力 F_{P1} 和 F_{P2} 分别作用在铅垂对称面和水平对称面内,并且垂直于梁的轴线。已知 $F_{P1} = 800$ N, $F_{P2} = 1.6$ kN, $l = 1$ m,许用应力 $[\sigma] = 160$ MPa,试确定截面直径 d。

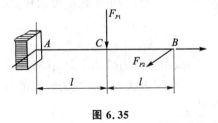

图 6.35

附录　强度理论

　　材料在外力作用下因强度不足而引起的失效现象有很多,但基本有两种:脆性断裂和屈服破坏;同一种破坏是由同一种原因引起的。为了建立复杂应力状态下的强度条件,而提出的关于材料破坏原因的假设及计算方法,称为强度理论。

　　由于按照同一种破坏是由同一种原因引起的假说,不论是简单应力状态,还是复杂应力状态,只要破坏的类型相同,则都是由同一个因素引起的。因此就可以利用单向轴向拉伸试验所获得的 σ_s 或 σ_b 值建立复杂应力状态下的强度条件。

　　脆性断裂是指材料无明显的塑性变形即发生断裂,断面较粗糙,且多发生在垂直于最大正应力的截面上,如铸铁、石料、混凝土、玻璃等脆性材料;塑性屈服(流动)是指材料破坏前发生显著的塑性变形,破坏断面粒子较光滑,且多发生在最大切应力面上,例如低碳钢、铜、铝等塑性材料。

　　根据材料的两种基本破坏原因这一基本观点,形成两大类强度理论:一类是关于材料脆性断裂破坏的强度理论,称为最大拉应力理论和最大拉应变理论;一类是关于材料塑性屈服破坏的强度理论,为最大切应力理论和形状改变比能理论。

　　强度理论的正确性必须由生产实践来检验。不同的强度理论,有不同的适用条件。

一、常用的强度理论

　　常用的强度理论适用于常温、静载荷下、均匀、连续、各向性的材料。

　　1. 最大拉应力理论(第一强度理论)

　　第一强度理论认为最大拉应力是材料断裂破坏的主要因素。当复杂应力状态下三个主应力中的最大拉应力 σ_1 达到单向拉伸试验测得的抗拉强度 σ_b 时,材料便发生脆性断裂破坏。根据这个强度理论写出的破坏条件为

$$\sigma_1 = \sigma_b$$

　　将上式右边的抗拉强度除以安全系数,得第一强度理论建立的强度条件:

$$\sigma_1 \leqslant [\sigma]$$
$$\sigma_{r1} = \sigma_1 \leqslant [\sigma] \tag{F.1}$$

　　本理论能很好地解释铸铁拉伸、扭转时的破坏现象,比较适合用于铸铁、陶瓷、岩石等脆性材料承受拉应力或二向拉伸——压缩应力状态且拉应力较大的情况。但这一理论没有考虑其他两个主应力对材料破坏的影响。

　　2. 最大拉应变理论(第二强度理论)

　　第二强度理论认为最大伸长线应变(拉应变)是材料断裂破坏的主要因素,如附图1所示。材料发生脆性断裂,不管是什么压力状态都是由于微元内的最大拉应变 ε_1 (线变形)达到单向拉伸破坏时的伸长应变值。当单元体三个方向的线应变中最大的伸长线应变 ε_1 达到单向拉伸试验中的

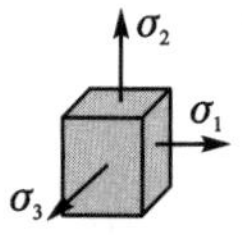

附图1

极限值 $\varepsilon_1 = \dfrac{\sigma_b}{E}$ 时，材料就会发生脆性断裂破坏。根据这个理论写出的破坏条件是 $\varepsilon_1 = \varepsilon_u$。

如果材料直到发生脆性断裂破坏时都在弹性范围内，运用胡克定律，将上式改写为

$$\frac{1}{E}[\sigma_1 - \mu(\sigma_2 + \sigma_3)] = \frac{1}{E}\sigma_b \quad 或 \quad \sigma_1 - \mu(\sigma_2 + \sigma_3) = \sigma_b$$

将上式右边的 σ_b 除以安全系数，得第二强度理论建立的强度条件

$$\sigma_{r2} = \sigma_1 - \mu(\sigma_2 + \sigma_3) \leqslant [\sigma] \tag{F.2}$$

本理论虽然考虑了 σ_2、σ_3 的影响，但它只与石料、混凝土等少数脆性材料的实验结果较符合。铸铁在混合型压应力占优势状态下（$\sigma_1 > 0, \sigma_3 < 0, |\sigma_1| < |\sigma_3|$）的实验结果也较符合，但上述材料的脆断实验不支持本理论描写的 σ_2、σ_3 对材料强度的影响规律。

3. 最大切应力理论（第三强度理论）

第三强度理论认为最大切应力是材料屈服破坏的主要因素。复杂应力状态下的材料，当其上某点的最大切应力达到了它在单向拉伸应力状态下开始破坏的切应力 $\tau_u = \dfrac{\sigma_s}{2}$ 时，在单向拉伸下，当横截面上的应力达到 σ_s 时，与轴线成 45° 的斜截面上的切应力达到最大值，材料就会发生屈服破坏。

根据这个理论写出的破坏条件是 $\tau_{\max} = \tau_u$，即 $\tau_{\max} = \dfrac{\sigma_1 - \sigma_3}{2} = \dfrac{\sigma_s}{2}$ 或 $\sigma_1 - \sigma_3 = \sigma_s$。

将上式右边的 σ_s 除以安全系数，得第三强度理论建立的强度条件：

$$\sigma_{r3} = \sigma_1 - \sigma_3 \leqslant [\sigma] \tag{F.3}$$

这个强度理论被许多塑性材料的试验所证实，且偏于安全。但是，按照这个理论，材料受三向均匀拉伸时应该不易破坏，这点并没有被试验证明。

4. 形状改变比能理论（第四强度理论）

第四强度理论认为形状改变比能是材料屈服破坏的主要因素。物体受力变形后，外力所做的功转变为物体的弹性变形能，微元单位体积的变形能称为变形比能，包括两部分：引起体积改变的变形比能和引起形状改变的变形比能，后者称为形状改变比能。不论材料处于何种应力状态，只要其上某点的形状改变比能 μ_f 达到材料单向拉伸屈服时的形状改变比能 μ_s 时，材料便发生屈服。

在复杂应力状态下，形状改变比能的表达式为

$$\mu_f = \frac{(1+\mu)}{6E}[(\sigma_1 - \sigma_2)^2 + (\sigma_2 - \sigma_3)^2 + (\sigma_3 - \sigma_1)^2]$$

单向拉伸屈服时的形状改变比能，令上式中的 $\sigma_1 = \sigma_s, \sigma_2 = \sigma_3 = 0$ 得

$$\mu_f = \frac{(1+u)}{3E}\sigma_s^2$$

本理论的破坏条件可写为：

$$\sqrt{\frac{1}{2}(\sigma_1 - \sigma_2)^2 + (\sigma_2 - \sigma_3)^2 + (\sigma_3 - \sigma_1)^2} = \sigma_s$$

将上式右边的 σ_s 除以安全系数后，得第四强度理论建立的强度条件：

$$\sigma_{r4} = \sqrt{\frac{1}{2}[(\sigma_1 - \sigma_2)^2 + (\sigma_2 - \sigma_3)^2 + (\sigma_3 - \sigma_1)^2]} \leqslant [\sigma] \tag{F.4}$$

试验表明,对于塑性材料,它比第三强度理论更符合试验结果,但是这个理论仍不能解释材料在三向等值拉伸下发生破坏的原因。

二、相当应力

四种强度理论的强度条件用统一的形式可表示为

$$\sigma_r \leqslant [\sigma] \tag{F.5}$$

其中 σ_r 称为相当应力,是将设计理论中直接与许用应力 $[\sigma]$ 比较的量,脆性材料和塑性材料的许用应力 $[\sigma]$ 分别为 $[\sigma] = \dfrac{\sigma_b}{n_b}$ 和 $[\sigma] = \dfrac{\sigma_s}{n_s}$,$n$ 为安全系数。对应于四个强度理论的相当应力分别为

$$\sigma_{r1} = \sigma_1$$
$$\sigma_{r2} = \sigma_1 - \mu(\sigma_2 + \sigma_3)$$
$$\sigma_{r3} = \sigma_1 - \sigma_3$$
$$\sigma_{r4} = \sqrt{\frac{1}{2}\big[(\sigma_1 - \sigma_2)^2 + (\sigma_2 - \sigma_3)^2 + (\sigma_3 - \sigma_1)^2\big]}$$

三、强度理论的选择和应用

(1) 对于常温、静载、常见应力状态下通常的塑性材料,如低碳钢,其弹性失效状态为塑性屈服;通常的脆性材料,如铸铁,其弹性失效状态为脆性断裂,因而可根据材料来选用强度理论。

① 塑性材料:

第三强度理论——可进行偏保守(安全)设计;

第四强度理论——可用于更精确设计,要求对材料强度指标,载荷计算比较有把握。

② 脆性材料:

第一强度理论——用于拉伸型和拉应力占优的混合型应力状态;

第二强度理论——仅用于石料、混凝土等少数材料。

(2) 对于常温、静载但具有某些特殊应力状态的情况下,不能只看材料,还必须考虑应力状态对材料弹性失效状态的影响,根据所处失效状态选取强度理论。

① 塑性材料(如低碳钢)在三向拉伸应力状态下呈脆断破坏状态,应选用第一强度理论,但此时的失效应力应通过能造成材料脆断的试验获得;

② 脆性材料(如大理石)在三向压缩应力状态下呈塑性屈服失效状态,应选用第三、第四强度理论,但此时的失效应力应通过能造成材料屈服的试验获得。

由于机械、动力行业遇到的载荷往往较不稳定,因而较多地采用偏于安全的第三强度理论;由于土建行业的载荷往往较为稳定,因而较多地采用第四强度理论。

材料的塑性和脆性不是绝对的,即使同一材料,在不同应力状态下也可能发生不同形式的破坏。例如,低碳钢在单向拉伸时以屈服形式破坏。但是由低碳钢制成的螺纹杆拉伸时,在螺纹根部由于应力集中将引起三向拉伸,这部分材料就会出现断裂破坏;又如铸铁在单向拉伸时以断裂形式破坏,但如以淬火钢球压在铸铁板上,接触点附近的材料处于三向压应力状态,随着压应力的加大,铸铁板会出现明显的凹坑,这已是塑性变形。常温下的塑性材料在低温时会

表现为塑性状态。

　　构件的破坏形式不仅与构件的材料性质有关，还与危险点处的应力状态有关。无论是塑性材料还是脆性材料，在三向拉应力接近相等的情况下，都以断裂的形式破坏，应采用第一、第二理论；在三向压应力接近相等的情况下，都以屈服的形式破坏，应采用第三、第四强度理论。

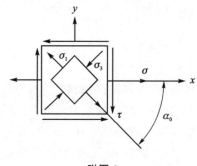

附图 2

　　【例】　附图 2 所示应力状态在横力弯曲及弯扭组合变形中经常遇到，设 σ 及 τ 已经计算出，试分别根据第三、第四强度理论建立相应的强度条件。

　　解：该微元体的最大正应力与最小正应力分别为

$$\left.\begin{array}{r}\sigma_{\max} \\ \sigma_{\min}\end{array}\right\} = \frac{1}{2}(\sigma \pm \sqrt{\sigma^2 + 4\tau^2})$$

相应的主应力为 $\sigma_1 = \frac{1}{2}(\sigma + \sqrt{\sigma^2 + 4\tau^2})$，$\sigma_2 = 0$，$\sigma_3 = \frac{1}{2}(\sigma - \sqrt{\sigma^2 + 4\tau^2})$

根据第三强度理论，可得 $\sigma_{r3} = \sqrt{\sigma^2 + 4\tau^2} \leqslant [\sigma]$

根据第四强度理论，可得 $\sigma_{r4} = \sqrt{\sigma^2 + 3\tau^2} \leqslant [\sigma]$

参考文献

[1] 孙训方,方孝淑,关来泰.材料力学[M].4 版.北京:高等教育出版社,2002.
[2] 赵志岗.材料力学学习与提高[M].北京:北京航空航天大学出版社,2003.
[3] 梅凤翔.工程力学[M].北京:高等教育出版社,2003.
[4] 王斌耀.顾惠林.工程力学 导学篇[M].北京:机械工业出版社,2003.
[5] 毕勤胜,李纪刚.工程力学[M].北京:北京大学出版社,2007.
[6] 赵志岗等.材料力学[M].天津:天津大学出版社,2001.
[7] 刘思俊.工程力学[M].北京:机械工业出版社,2001.
[8] 范钦珊.材料力学[M].北京:高等教育出版社,2000.
[9] 佘建初,王茵.工程力学[M].北京:科学出版社,2003.
[10] 蒋平.工程力学基础[M].北京:高等教育出版社,2003.
[11] 钱民刚,张英.材料力学基本训练[M].北京:科学出版社,2003.
[12] 顾志荣,吴永生.材料力学学习方法及解题指导[M].上海:同济大学出版社,2000.
[13] 龙驭球,包世华.结构力学教程[M].北京:高等教育出版社,2000.
[14] 胡增强.材料力学学习指导[M].北京:高等教育出版社,2003.
[15] 屈本宁.工程力学[M].北京:科学出版社,2003.
[16] 刘延柱,杨海兴,朱本华.理论力学[M].2 版.北京:高等教育出版社,2001.
[17] 马功勋.工程力学[M].南京:东南大学出版社,2003.
[18] 贾书惠,李万琼.理论力学[M].北京:高等教育出版社,2002.
[19] 李俊峰.理论力学[M].北京:清华大学出版社,2001.
[20] 杜建根,陈庭吉.工程力学[M].北京:机械工业出版社,2002.
[21] 郭应征,李兆霞.应用力学基础[M].北京:高等教育出版社,2000.